タイの田舎で嫁になる

野性的農村生活

森本薫子
著

JVCブックレット
004

カオデーン農園の日々
——楽しいこともうんざりすることも

タイに住んで10年ほどになる。ここ、東北タイのムクダハン県の農村で農園暮らしを始めたのは約5年前からだ。農業や田舎暮らしになんてこれっぽっちも興味のなかった私が、なんでよりによってここまでド田舎で生活することになったのか。もちろん、東北タイの農民出身の男性と知り合い結婚して住むことになったのがきっかけでだが、「イサーン（東北タイ）の農村で生きていこう！」と一大決心をした覚えもなく、気づいたらそういう流れになっていた。

アメリカの大学で国際経営学を学んでいた時から、実はビジネスよりも国際協力の方に興味を持っていた。大学卒業後、アメリカに残り1年間働いてから日本へ帰国。国際協力といってもどこをどうやって就職活動していいかわからない。思いつくところでJICA（国際協力機構）の募集を見ても、新卒でもなく、社会経験もない私はどの枠にも当てはまらなかった。当時まだNGOの存在は一般的ではなく、募集も経験者に限られていたので（それは今も同じ）、すぐにこの分野での就職はあきらめ、それとは別に面白そうだったマーケティング・リサーチ（市場調査）の会社に入社した。ほぼ毎日終電、時にはタクシー帰り、休日出勤当たり前のものすごく忙しい会社だったけれど、若かったせいもあり、仲間にもめぐまれ楽しい生活だった。でも自分が本当にやりたいことを考えたとき、やっぱり国際協力の分野に進みたいと思い、3年勤務した後に退職。その後、日本国際ボランティアセンター（JVC）という日本のNGOの「タイの農村で学ぶインターンシップ」（タイの農村に約1年間滞在し、農民の視点に立って農村の暮らしや支援のあり方を学ぶプログラム）という国際協力を学ぶ

◀上から見たカオデーン農園

プログラムに応募し、2期生となった。

北部チェンマイにあるタイの有機農業普及NGOにお世話になりながら、1年間タイの仲間たちと過ごした。国際協力といえば、農村開発というよりもむしろ緊急救援や人道支援というイメージを持っていた私は、このプログラム参加によってくるりと別方向を向かせられ、「農」の世界にぷすぷすと足を踏み込むことになったのだ。本当にこのプログラムって、人の人生を狂わす…いやいや、人の目を覚まさせるわ…と何度思ったことか。

研修修了後、ちょうど募集があり、日本国際ボランティアセンターに就職することになった。当時バンコク郊外にあったノンジョク自然農業研修センターに滞在しながら、バンコク市内のスラム住民支援と、今度は自分が「タイの農村で学ぶインターンシップ」のお世話役（コーディネーター）という立場でタイ駐在員となった。後半は、東北タイのコーンケン県に移り、有機農産物直売市場のプロジェクトにも携わり、様々な経験をさせてもらったところでJVCを退職。この自然農業研修センターの研修生であった今の夫と結婚して、東北タイの農村暮らしが始まったのだ。

東北タイの農村生活がどんなものかは知っていたけれど、NGO職員として体験する生活と、「嫁」の立場で日常として生活する毎日は全くとは言わないまでも、かなり違うものだった。

夫の地元でもなく、夫の祖父母や親戚が多く住む村なので、いろいろと助けてもらえることは多いのだけれど、私は「○○おじいちゃんの孫の嫁」という域から出ることはできないのだ。NGO職員のころは、少なくとも名前で存在を覚えてもらうことができたのに。でも、まあ、それについては、どっちでもいいかな〜くらいの気持ちだけど。それで楽なこともあるのだから。

イサーンの人間関係の中での野性的農村生活は、慣れることもあればいまだにイライラすることもある。外国に住み始めると、最初は現地の人の感覚に限りなく近づきたくなるが、そんな気持ちはとうの昔になくなっており、今は、そのまま「東北タイに住む日本人」、それでいいじゃないかと気楽に思う（ことにしている）。

これまで、北部のチェンマイ、中部のバンコク郊外、東北部のコーンケン県とムクダハン県と移り住んできたが、タイの農村といっても、気候も、方言も、食べ物の嗜好も、人の雰囲気も、その土地の栽培作物も違う。イサーンと呼ばれる東北タイは、雨季に入り始めの雨を待って、田んぼに水を張ったら田植えを始めるという天水田の稲作が中心の土地だが、他の地域と比べ降水量が少なく不安定なため農業条件は厳しい。

私が住むムクダハン県のこの周辺は、お米を中心とし、とキャッサバ、サトウキビ、ゴムの木といったいわゆる換金作物を広範囲にわたって栽培している農村である。村内は、牛飼いの人に連れられた牛や水牛がゆっくりと列をなしている風景が見られる。イサーンの農村を訪れる日本人には、日本の昔の農村風景に似ていると目を細めて懐かしがる人も多い。私はそんな昔は知らないけれど。

うちではいわゆる自然農業を行なっている。広さは約3.5ヘクタール。と説明してもほとんどの人は、「それってどのくらいの広さ??」と首をかしげる。ゼネコンで働いていた友人が言うには「1500台の車がおける平面駐車場付きの郊外型ジャスコが建てられるくらいの広さ」らしい。よくわかったようなわからないような。「東京ドーム何個分？」と聞く人もいるが、東京ドームは5ヘクタールなので、うちは0.7個分ということになる。日本人の感覚からしたらかなり広い土地だが、イサーンでは平均的。けっして広いわけではない。

うちは、水田1ヘクタール、そのほかは、果樹園、野菜畑、池、

◀義母とおばあちゃん、娘、親戚の子

家畜小屋、チーク林などが土地を占める。家畜は、水牛、豚、鶏、あひる、魚を飼っている。番犬として犬が3匹いたが、そのうちの1匹があまりにヒヨコを食べてしまうので、隣の敷地に住む親戚の叔父さんに「そっちで飼って！」と預けたら、いつのまにか、叔父さんたちに食べられてしまった…。一般的ではないがイサーン人は犬も食べる。イサーンのサコーンナコン県というところでは、満月に黒犬を食べる習慣があるらしく、市場でも犬肉を売っていると聞く。

というわけで、犬は2匹。他、家の中には、ネズミ、ヤモリ、トゥッケーが頻繁に登場する。出てくるのはいいけど、そこら中に糞をするのはやめてっ！と切に思う毎日だ。

農園の名前は「カオデーン農園」という。「カオ」というのは、私の名前のカオルから来ている。タイ滞在1年目、チェンマイに住んでいる頃、タイ人の友人たちが私につけたニックネームが「カーオ」で、夫のニックネームが「デーン」なので、「カオデーン」。単純にくっつけただけだが、これは「赤い（デーン）・お米（カーオ）」つまり「赤飯」という非常にめでたい意味なのだ（タイ語は形容詞が名詞の後ろに来るのでカオデーン）。

今は、夫と3歳になったばかりの息子、1歳の娘、そして義母と暮らしている。常に汗だく、土まみれ、ネズミやヤモリの糞を掃き出しながら、子供の服を1日3回も4回も取り替える日々だ。

隣の敷地には、義理の祖父母、叔父さん夫婦、その息子一家、祖父母が預かって育てている親戚の子供2人が大所帯で住んでいる。興奮するほど楽しくなることも、うんざりするほどいやなことも満載の、ネタには尽きない毎日である。

目次

①宿泊所
②母屋
③倉庫
④宿泊所
⑤義母の家
⑥水タンク
⑦農具倉庫
⑧豚小屋
⑨アヒル小屋
⑩豚小屋
⑪牛小屋

村の食生活

1 なんでもバリバリ。野菜ってどれ？

雑草もハーブも共生だよね

タイの雨季は草木の成長が本当に速い。ちょっと気を抜くと畑はたちまち草ぼうぼうになってしまう。うちは一応自然農業を目指した有機農業をしているので、畑には当然のように雑草が生えている。自然農業では自然界に不必要なものはないという考えだから、そもそも「雑草」という言葉は使わないが、とにかく「食べられない草」が、野菜を覆い尽くすほどの勢いなのだ。

もちろん野菜もちゃんと植えてあるが、多くはイサーンの地元野菜なので、日本人がすぐ見てわかるような野菜はほとんどない。イサーンの固くて乾いた土では根菜は難しいし、キャベツや白菜、トマトなどは、気温の低い乾季（12月～２月）にしか育たない。葉物野菜は暑すぎるとくたくたになる。

その点、地元野菜は虫にもほとんど食われないし、もちろん暑い気候にも合っている。でも、タイ料理のスープのダシとしては欠かせないレモングラスなんてどこから見ても雑草だし、イサーン人がもち米のおかずとして大好きなソムタム（青パパイヤのサラダ）の材料であるパパイヤと唐辛子はいつでもそこら中に植わっているが、日本人には食材には見えないだろう。

そんな風だから、家の前の一角に何種類かのハーブを植え、自然農業だから雑草もハーブも共生だよ

◀食卓にあがった葉っぱたち

ね（草抜くのはめんどくさいし）と、雑草も抜かずにそのまま野生化花壇にしておいたら、義理の母が「こんなに草ぼうぼうにして…」とあきれて、草をすっかり刈ってしまった（しかも包丁で！）。しかし、さすが村のお母さん、何が植えてあるか知らないのに、ハーブ類だけはちゃんと残しておいてくれた。

イサーンの野菜にはどんなものがあるかといえば、野生の空芯菜、バジル、ミント、バナナのツボミ、蓮の花や茎、その他、日本語名があるのかもわからない各種の植物。つまり、日本で言う野菜とはずいぶん違う。これを、炒めたり蒸したりスープに入れるだけではなく、肉や魚料理と一緒に生でバリバリ食べることが多いのだが、やたら苦かったり酸っぱかったりする。薬や自然農薬として効果のあるニームの葉など、肉の和え物にそえられていたりするがものすごく苦い！ しかし、苦くて吐き出したくなるような葉でもイサーン人は平然と食べている。この料理の時にこの葉を一緒に食べると消化にいいとか、それなりのポイントがあるのだ。

もう野菜とはあまり区別がつかないのだが、野生の植物を料理と一緒に、または薬草として上手に食べるイサーン人にはいつも感心する。自然の中に住むということは、野生の草を見分ける目を持つということなのだ。

しかし、ん？と思うこともある。ある時、私が大根（タイの大根はニンジンよりもひとまわり小さいくらいの品種）の葉を料理に使おうとすると、「そんな葉っぱ、食べられないよ！」と言われた。「日本では食べるよ？」と私。確かに日本の大根の葉よりガサガサして固めだが、調理すれば食べられる。イサーン人、あんなにわけのわからない葉を食べるくせに、なぜ大根の葉はダメ?! 変に保守的なところがあるのかもしれない。

夜の農園はジェラシック・パーク

「自然が好き」という日本人はたくさんいるけれど、「でも虫は嫌

◀トゥッケーと息子

い」という人がほとんどだ。以前は女性にお決まりのセリフだったが、最近は男性も「俺、虫ダメ！」って人がよくいる。虫がいないと自然は成り立たないんだけど…。蚊さえもシャットアウトする自然空間は、リゾートホテルくらい。虫を好きになる必要はないけれど、これだけ虫にお世話になっているのだからそこまで嫌わなくてもと思う。せめて「無視」くらいにしてほしい。

田舎暮らし、自然生活、エコって日本では流行っているけれど、自然暮らし＝野生生物との共存なのだ。蚊、アリ、かなぶん、羽蟻、トンボ、蛾、バッタ、トカゲ、トゥッケー（グロテスクな爬虫類。上野動物園にいます）…。家の中にどんな生物がいても今はもう驚かない。

夜の農園だって実は静かではない。虫や蛙の鳴き声がサラウンドで鳴り響く。午前３時にはもう鶏の鳴き声…。慣れてしまうと全く耳に入ってこないが、改めて聞いてみると野生生物の大合唱だ。日本から遊びに来た友人は夜の音を聞いて「ジュラシックパークにいるみたいだね」と言っていた。確かに、今にも恐竜が出てきそうな効果音だ。

しかし、魚は池から捕ってきて、食用水は雨水というような自然生活ではあるが、いまどきのイサーンの村では電化製品だってそこそこ揃っている。テレビ、扇風機、冷蔵庫、バイク…。洗濯機や車がある家も。うちにも一通りは揃っている。

息子が生まれた時、おくるみを着た写真を日本の友人に送ったら、「普通の赤ちゃんの格好でびっくりしました。バナナの葉っぱにでも包まれているのかと思った！」と返事が来た。いやいや、そこまで野生的に暮らしていませんから！　村の人も、普通に服を着て生活しています。

2　透明な水と濁った水

ひたすら雨を待つ

　イサーンの農家は米の収穫が１年の主な収入源になるのだが、天水に頼っているため１期作である。灌漑設備の整った中部では２期作ができるし、北部の山岳地帯の水に恵まれた地域などは１年に３度も作っているところもある。イサーンの地は大昔は海だったため、深く掘ると塩が出てきてしまう。その塩害のため、大規模な灌漑設備を作ることができないのだ。地域内に川や運河が流れていたり、公共の大きな池があったりすればまだラッキーだが、それもない場合は自分の土地に池を掘ることで貯水対策をする。雨季にたくさんの水を貯め、必要な時期に吸い上げて使えるようにするのである。
　今年の田植えの時期も雨が降らず、池から水を吸い上げて田んぼに入れた農家も多かった。水を吸い上げる手段がない農家は、ひたすら雨を待つしかない。
「今年は雨が降らない。暑すぎる。異常気象だ」――毎年聞くセリフのような気もするが。

飲むのは雨水

　タイの農村では、飲用水として雨水を利用する。雨樋から流れ落ちてくる雨を、大きな水瓶に溜めて

▶雨水を溜める瓶

わが家の台所

おくだけだ。ある程度の期間置いておくとおいしくなる。

もちろん雨水は大気がきれいなところでしか飲めない。イサーンは今のところ大丈夫なようだ。確かに東京の水道水よりずっとおいしい。

タイを紹介するガイドブックには、「雨水は飲まないようにしましょう」と書いてあるけれど、JVC（日本国際ボランティアセンター）のスタディツアーで農村にホームステイする時には、全員、その家の雨水を飲んでもらう。うちの農園に来た人たちもそうだ。でも、JVCスタッフ時代から今まで受け入れたスタディツアー参加者や研修生は200人以上になるが、水でお腹を壊した人は1人もいない。

また、イサーンの家では水浴びの水は大きな瓶に溜まっている場合が多いのだが、ホームステイする村でもそうで、その水は少し茶色く濁っていることがある。そして、瓶の中にタニシがくっついていたり、ボウフラを食べてもらうために小さな魚を入れていたりする家もある。でも、このツアーは「国際協力や開発に関心のある人」を対象にしているので、水が濁っていても誰も文句も言わずに水浴びしてくれる。心の中ではどう思っているかわからないが、口には出さない。

以前、私の中学時代からの友人が参加してくれたことがあった。彼女は看護師で、開発に関心があったわけではなく、私がどんなことをしているかを見にわざわざ参加してきてくれたのだ。ホームステイの後、いつものように参加者とまとめの話し合いをした時、大学で国際協力を専攻している参加者たちが分析的な感想を述べた後、私の友人が言った。

「泊まった家の水浴びの水が茶色く濁っていて、その上、魚がい

▶もち米を蒸す

てびっくりした。ちょっといやだなぁと思ったけど、我慢して浴びた。私が働いている施設で金魚を飼っているのだけど、その水槽の水を替える時、水道水を入れてすぐ金魚を戻すと金魚が死んでしまうので、少し時間をおかなければならない。透明だけど金魚が死んでしまう水と、濁っているけど小さい魚が生きられる水って、どっちがきれいなんだろうと思った」

彼女の言葉は自分の生活と重ねた素直な感想だった。もしかしたら他の参加者は「タイの農村の水は濁っている。日本の透明な水とは違うけど、ここはタイだから」と自分を納得させていただけかもしれない。

不潔で死ぬ人はいない

どんな水がきれいで、どんな水が汚いのか。透明ならきれいなのか。濁っていたら汚いのか。

水が貴重な地域では、どんな水でも利用する。イサーン人はちょっとでも溜まっている水があればそれで手を洗う。田んぼ、水溜まり、金魚の水槽、外に放置され雨水が溜まったバケツ…もちろん濁っている、が気にしない。手が汚れたらちゃちゃっと、ご飯の前にちゃちゃっと、洗う。そして、その手でもち米をにぎって食べる。

私はそんなイサーン人を見てひるんでいたが、それは水道から流れ出てきて透明でさえあればその水は清潔だと思っていたからだ。茶色く濁った泥水の池よりも、金魚が死ぬような塩素がどれだけ入っていようと透明なプールの水の方がきれいだと感じ

◀雨がふって、畑に這い上がってきた雷魚をつかむ研修生

ている自分。

しかし、どちらが危ないのか。イサーンの生活は確かに日本人には「不潔」だと思われそうだ。埃のたまった家、濁った水で洗った食器、知らない人とも使いまわしのコップ、最後にいつ洗ったかわからないタオル。でも、そこに繁殖している菌のせいで病気になった人なんて聞いたことがない。「不潔で死ぬ人はいない」って本当だ。「菌」というのはどこにでも存在するのだから。

少しぐらい菌がいようと、そこら辺の溜まり水で手を洗ってもち米を握る方が、殺菌剤のついたウェットティッシュで拭いた手で握るよりは安全なのかも、と今では思うほどになった。イサーン人化しすぎ?

大雨が降ると、雨水で川や運河がいっぱいになり、道路まであふれ出すことがある。そんな時には、興奮したイサーン人たちが水と一緒に上がってきた魚を捕まえるため、洪水状態の道路に踊り出てくる。その楽しそうな顔といったら!

子供たちは泥水遊びで大はしゃぎ。もちろん「風邪引くから家に入りなさい!」なんて怒るお母さんはいない。日本では憂鬱な気持ちにさせる雨だが、イサーンでは、恵みの雨、歓喜の雨、興奮の雨なのである。

◀泥池に入る息子

3 虫を食べる

おいしいから「虫」を食べるんだ

イサーンでは虫を食べるということはよく知られているが、本当にびっくりするほどいろいろな種類の虫を食べる。コオロギ、イナゴ、セミ、バッタ、タガメ、カミキリムシ、タマムシ、カブトムシ、様々な蛾のサナギなど。油で素揚げしたり、塩レモングラスなどで味付けして食べることが多い。

私も一通りは食べたことがある。竹虫を揚げて塩をふったものなんて、トウモロコシの味にそっくりで食べやすい。加熱することで雑菌等の問題もなくなるので食べても何の問題もないし、タンパク質もたっぷりで、虫自身が植物から摂取したミネラルやビタミンも豊富らしい。調べてみると、昆虫類は食べた植物のエネルギーの40%を自分の質量に変換できるという。しかも、食料資源としては、少ないコストと時間で食料にできる段階まで養うことができる。生態学的および経済的に効率の良い優れた動物性タンパク源である、とのことだ。

昆虫食というのは食べ物が不足している地域で食べ始めたのが始まりと聞くけれど、今は、イサーンの人たちは明らかに好んで食べている。「おいしい」から食べているのだ。その上こんなに優れた食べ物だったとなると、虫が住みやすい環境を保っていくことはイサ

▶コオロギのレモングラス蒸し

赤蟻の巣

ーンにとって重要事項なのだと思う。

カブトムシもアリも食べる

イサーン人は虫を捕まえるのもとてもうまい。コオロギを養殖する村人もいるが(なかなかいい値段で売れる)、普通は土の中に隠れているのを掘って捕らえる。といっても、私のような素人ではそう簡単にはいかない。

夜間に飛ぶ虫に対しては、電球の横に板を設置し、その下にバケツを置く。暗くなってから電球に集まってくる虫がその電球や板にぶつかり、下のバケツに落ちるという仕組みだ。うちの農園では、この仕組みを池の上に設置して、板にぶつかった虫が池に落ちて、魚のエサになるようにしている。

カブトムシも食べる。私は全く興味がないので種類は知らないけれど、よく発生する時期には家の中にも入ってくるので、つかんで外に投げ捨てるくらいだ。本当にじゃまくさい。子供たちははしゃいで服に付けて遊んだりしている。でも、叔母さんは次から次へと捕まえて、バケツの中に溜めている。炭で焼いて、甲羅と足を取って、中身を食べる。なんてことない味だけれど、まあ、香ばしいかな。中身をつぶしてトウガラシとナムプラーで味つけする「みそ」としての食べ方もある。

食する昆虫の中にはアリも含まれている。タイは暑いだけに、アリの出現は日常茶飯事。アリと一緒に暮らしているという感覚だ。甘いも

赤蟻と赤蟻の卵の和え物

のにたかるアリ、湿気のあるところに住み着いて卵を産むアリ、農作業をしているとものすごい痛さで噛み付くアリ、などなど、黒、茶色、赤、小さいのから大きいのまで、様々な種類が出現する。

この中でもイサーン人が大好きなのは赤アリだ。他と比べて大きめなので、噛まれるとめちゃくちゃ痛いのだが、この卵が大人気だ。よくマンゴーの葉に巣を作っているので、それを上手に捕って、生きた赤アリがまだうじゃうじゃいるまま一緒に料理してしまう。卵自体はぷっくりしていて、ただのタンパク質のかたまり。特に味がするわけでもないが、プチっとした食感がいい。そこに酸味の聞いた赤アリを混ぜる。「蟻酸」と言うけれど、本当に「酢」の味として利用することには驚く。これに、例によって、ナムプラー（魚醬）や唐辛子などで和えてもち米と一緒にいただく。この前も、野生の生き物を捕まえるのが得意の叔父さんが捕ってきて料理してくれた。

市場でも結構いい値段で売っていたりするのだけれど、ものすごくおいしいというよりは、「そうしょっちゅうたくさん捕れるものではない」という稀少価値からおいしさの感覚が増すのだろう。

蛙も食べる

虫以外にも、農村では一般的に食べるのが蛙。養殖もできるが、田んぼや池でもよく捕まえられる。何年か前になるが、夫の実家で得度式の料理の準備を手伝っていた時のこと。たくさんのお客さんに料理を出すために、厨房は大忙しだった。すると義母がバケツを持ってきて、「これ、さばいてね」と私に渡す。中では大人の拳ほども

▶蛙も食べる

◀ある日の食卓

ある蛙が7匹飛び跳ねていた…。「さばけるよね…？」と言われ、「こんなに大きくてグロテスクな蛙は、つかんだこともありません」と心の中でつぶやきながらも、「はい、できます」と答えていた…。

「このくらいできなかったら、ほんと子供以下。使い物にならないよなぁ」と思いながら、思い切って1匹つかんでみた。ぐにゃっと生ぬるい感触。すかさず包丁の刃の逆側で頭を叩き、息の根を止める。そして白いお腹を切り開いて内臓を出し、あとはぶつ切りにするだけ。まあ、やってしまえば魚と同じでなんてことはないのだけれど。揚げたり炒めたり、スープに入れたりなど、食べ方は様々だ。今ではうちの食卓にも時々上がります。

イサーンの農村では、材料を買ってそろえて作った料理よりも、捕まえて、さばいて、と最初から始まる料理の方がだんぜん人気で、イサーンの人たちも「ご馳走だ！」と興奮する。確かに、捕まえるところから始めると食べられるまでに時間はかかるけれど、料理に時間をかけられるのは、贅沢で幸せなことだと思う。もっとも、食べなれていない物に関しては舌が慣れないとおいしく感じないから、都会の人がこの食生活にすぐ馴染めるかどうかはわからないけど。

少なくとも、この土地で育った人たちにとっては、これだけまわりに野生の食べ物が存在するのだという安心感がある。先日も、近所のおじさんが自分の池で巨大な魚を捕まえた。魚のスープをたっぷり作り、私たちもおすそ分けをいただいた。こんなことが、日常的によくある。イサーンの農村に住む限り、一文無しになっても、野生の生き物とおすそ分けがある限り、食べ物の心配をするのは後回しでも大丈夫そうだ。

4 蛇も蛙も トカゲもサソリも食べる

蛇も食べる

前回に続き、イサーンの生き物の話。昆虫よりも食べる機会は少ないものたちについて。

イサーン人は蛇も食べる。なんとコブラも食べる。キングコブラは体全体に毒があるから食べられないけれど、コブラは頭だけに毒があるから（？）、そこを切り落とせばいいらしい。みんな「おいしいよ〜」と言うけれど、これもめったに捕まらないだけに、稀少価値から来るおいしさなのだろう。

コブラが出てきた時にはさすがにびっくりしたが、すかさず捕まえるイサーン人を見てさらに驚いたのは既に10年ほど前のこと。今までに何種類かの蛇を食べる機会があったが、骨っぽくて生臭くて、そんなにおいしいとは思ったことはない。唐揚げならまあまあか。

農業研修センターで生活していた頃には、全長1メートル以上のオオトカゲも食べたことがあった。蛇よりもこっちの方がまだ肉の部分が多くて食べがいがあった。オオトカゲがアヒル小屋に潜入し、アヒルの子供たちを食べまくっていたのをイサーン人スタッフが見つけ、怒りのあまりに吊るし上げたのだ。それをイサーン人の研修生の男の子たちが嬉しそうにさばいて料理し、食卓に上った。一度では食べ切れなくて、研修所の冷凍庫に冷凍保存して食事当番が順番に使っていたくらいだ。

トカゲも食べる

他にも、鷹や、ジャコウネコだかハクビシンだか（天然記念

◀キンカーをつかむ姪

物？）よくわからない動物も食べた。この時から、イサーン人は何でも食べてしまうんだ…とは薄々気づいていた。研修所の私の部屋の裏に大きな亀が出現した時は、「イサーン人に見つかったら食べられちゃうから、早く逃げな」とかくまった（？）こともある。いつか竜宮城に行けるかも。

「キンカー」というのはトカゲやカメレオンと訳される爬虫類のことだが、小さくて一見ヤモリ（タイ語で「チンチョク」）に似ている。キンカーもチンチョクも、どこの家でもあまりにも普通に出てくるので、まったく視界に入らないほどだ。時々ドアに挟まって死んだものが白骨になって落ちてきたりするが、それも無視。

私の妊娠中に義妹家族が泊まりに来たことがあった。義妹は料理上手で、この時も何度か食事を作ってくれた。ある時作ってくれた料理は、見た目はよくある肉や魚をミンチにしたイサーン料理なのだけれど、魚？ちょっと骨っぽい食感だなと思って食べながら「これ何？」と聞くと、「キンカー」と義妹。「……」。

いつもなら少しくらい驚きの食材でも「ふぅ〜ん」と食べ続けるのだが、この時は手を止め、「妊娠中って、キンカー食べていいのかな」と一瞬不安になってつぶやいた。しかし、義妹は「もう散々食べて、今さら何言ってるの」と気にも留めない。

まあ、大丈夫だろうけど、でも

◀キンカー調理中

一応と思って、ネットで調べても、もちろん日本語サイトに「妊娠中にトカゲやカメレオンは食べてもいいか？」なんて載っていなかった。キンカーの方が少し大きいが、チンチョクとよく似ていて、私の中では同じ分類だったが、夫に「どこが違うの？」と聞くと、「キンカーは食べるけど、チンチョクなんてまずそうだよ」と言う。どっちもどっちだろー。

サソリも

そしてサソリ…。これは私も食べたことがないし、実際に捕まえて食べているイサーン人も見たことがない。でも市場などで売っているのは何度か見たことがある。出現頻度で言えば、コブラよりも断然高い。少なくともうちの農園では。

ある日、いつも遊びに来る小学生のミーちゃんムーちゃんが外で遊んでいると、ムーちゃんが「かおるおばちゃん！　ミーちゃんがサソリに刺された！」と走ってきた。急いでミーちゃんのところに行ってみると、足首を摑んで座り込んでいる。「サソリ、どこ行った?!」「その辺…！」。すぐに殺さないと危ないので、見回してみると、全長 12 ～ 13 センチほどの黒いサソリがいた！私はとっさに近くにあったゴム草履で叩き潰した。

サソリはそれほど動きが機敏でないので、比較的すぐに捕えることができる。この大きさのサソリ、時々出現するのだ。私も何度も小指大の小さなサソリには刺されたことがあるが、この大きさのものはない。ミーちゃんの足首を見ても蚊に食われたような小さな痕しかないけれど、毒がどれだけ入っているのか心配だった。しかし

▶サソリ

…おじいちゃんも叔父さんも、うちの夫も、「大丈夫、ほうっておいて大丈夫」と言うのだ…。この人たちも、当然刺されたことがあるのだろう。だからこの余裕…。それを信じて、気休め？に消毒だけして、あとは何もしなかった。

サソリやムカデに刺されると、刺された瞬間の痛みが何時間もずっと続く。ミーちゃんもだいぶ長い時間痛がっていたが、1日もたったらすっかり治ったようだった。この大きさでも毒はないのか？

日本人の研修生がうちの農園に滞在していた時も、「す、すいません。サソリに刺されました」と朝の5時くらいに私を起こしに来たことがあった。どうやら首を刺されたらしい。夫が戸棚から薬を出して塗り、「もうこれで大丈夫だから」と言うと、安心したように自分の部屋に戻っていった。

後になって「あの薬、何だったんですか？」と聞くので、「タイガーバーム」。「えっ…」。もちろんタイガーバームがサソリ刺されに聞くわけではない。ただの気休めに塗っただけだったのだ。研修生は、イサーン秘伝の万能薬とでも思っていたようだ。「病は気から」というのだから、「これで大丈夫！」と思った気持ちが痛みをなくしたのかも。タイガーバーム、効果抜群！

それなりの頻度で現れるサソリ。今度は捕まえて食べてみようか。そうしたら、私もまた少しイサーン人に近づけるかも？　いや、別に近づかなくてもいいんですけどね。

5　絶品！牛生肉ラープ

牛の生肉が大好き。だけど…

イサーン人は本当に牛が好きだ。結婚式や得度式（男子の出家式）などのお祝い事の時には、必ず牛肉のラープ（肉と唐辛子、ライム、ナムプラー、ミントなどを和えた料理）がでる。村の男性何人かが屠殺して、さばいて、それが祝膳として出てくるのだ。それも生肉で、生血を混ぜる！　血だけではない。黒緑色の苦い胆汁までも入れるのだ。湯がいた肉で作るラープもあるが、生肉が断然人気だ。

村内では毎日、夜中に屠殺した牛の肉が早朝から売られている。お昼までにはほぼ売り切れてしまうので、午後には手に入らない。さばきたての新鮮な肉なので、生でも食べられる。私も今まではよく食べていたが、最近は生肉は食べないようにしている。おいしいのだが、すぐにおしりから“回虫、ぎょう虫、条虫などの寄生虫”が出てきてしまうのだ。イサーン人もそれは同じようで、時々虫下しの薬を飲んで出している。普通に薬局に売っていて、寝る前に飲むと、次の朝、便と一緒に出てくるのだ。

寄生虫に効く薬草を食す人もいる。お腹（腸）の中で静かにしている虫もいれば、肛門からもぞもぞ出てくるのもいるようだ。人に寄生するものは深刻な害はないらしい。

この話をJVCの人

▶生肉のラープ
（イサーン定番料理）

にしたら、さすが、様々な国・地域に行っているJVCスタッフ。多くの人が、「寄生虫体験」をしていた。おしりから出てくるなんてよくあることで、腕を掻いていたら、腕の皮膚から出てきたなんて話も！

こんな話を東京の電車の中でしたことがあったのだが、まわりの人はさぞかし眉をひそめていたことだろう。

やっぱり食べたい牛生肉

日本でも牛刺しや馬刺しを食べるが、寄生虫が出たことはない。私が小学生の頃は定期的に学校でぎょう虫検査があった。セロファンのようなものをおしりの穴にぎゅっとくっつけ、寄生虫の卵がついていないかを検査した。昔は今ほど農薬を使わず育てていたから、野菜にも卵がついていたのだろう。

調べてみると、ぎょう虫・回虫持ちは悪いことばかりではない。アレルギーになりにくい体質になるようだ。これらの寄生虫の出す酵素の関係でアレルギー反応を起こす物質が抑制されるとか。だから寄生虫が少なくなった最近の日本では、アトピーや花粉症に悩まされる人が多いとの研究もあるそうだ。

実は、妊娠中に一口だけ生肉料理を味見しただけなのに、回虫がおしりから出てきたことがあった。健診の時に先生に「あの～お腹に回虫がいるみたいなんですけど」と聞くと、さすがにタイ人の先生は特に驚く様子もなく、「虫下しの薬は今は飲めないから、まあ、出産後までほっておきましょう」との答えだった。ほっておいたら、いつの間にかいなくなったみたいだった。もうすぐ1歳になる息子が今のところなんのアレルギーもないのは、この回虫のおかげなのか。

タイの農村ではこんなに生活に慣れ親しんだ（？）ぎょう虫・回虫だが、ぎょう虫症や回虫症になったという話はまず聞かない。農薬が原因で病気になったという話はよく聞くが。

でも、これを読んで「タイで生肉は絶対に食べない！」なんて思わないでください。本当においしいんですよ、生肉。タイに行って、生肉ラープを食べなかったら損です。あなたの食の世界が広がること間違いなしですから！

牛は食べるためだけではない！

イサーンの農家にとって牛を飼うことは、食べるためだけではない。子牛が生まれたら、売って収入が得られる。牛はちゃんと交尾させれば毎年1頭の子供を生むので、何頭も飼えば1年に何頭分もの収入になる。イサーンの農民は1年に1度の米の収穫が主な収入だ。旱魃や洪水で稲が全滅するような事態が起きた場合、牛を売ることによって臨時収入を得ることもできるので、保険のようなものだ。サトウキビやキャッサバ、ゴムの木の栽培からの収入もあるが、これらも市場価格の変動で安定しない。

もちろん、牛も病気にかかるなどのリスクはある。どれも絶対確実とは言えないということだ。今は日本のサラリーマンもいつリストラされるかわからないから不安は同じ？　土地と家と食べ物だけは確保できるイサーンの農民の方がまだ楽天的でいられるのかもしれない。

牛の価値は品種にあるようで、耳が長くて毛並みのいい血統の牛は、何百万円という値がついたりする。松坂牛や神戸牛のように、「食べておいしい」という価値ではなく、見て美しい牛、質の良い牛。タイでは、月刊「牛」雑誌なるものが何種類も出版されているほどだ。

本当にいい牛を飼っている人は、毎日牛の毛並みをブラシ

▶週刊牛雑誌

◀牛市場

で整え、蚊に食われないように、牛小屋に蚊帳を張っていたりする。盗まれるのが心配で、夜も牛小屋の隣で寝たりとか! 血統書付きの犬やスポーツカーのように、これはもう趣味の域だ。

うちの地域でも、毎週木曜日には、「牛市場」が立つ。売りに来る人、買いに来る人、自由に参加して、個人的に話をつけて、売買する。ここでは血統書付きの牛などの売り買いはまずなく、一般農民が自分の牛を売り買いする市場だ。「牛を見る目」がないと選ぶのが難しい。とにかくイサーン人にとって牛は、食、収入、趣味と様々な意味を持つ重要な存在なのだ。

村の農風景

▲カオデーン農園の水田

6 大変だけれど米つくりが一番

これだけ働いてこの値段か

イサーンの農家の年間の主な収入源は米の販売である。イサーンでは塩害などの被害により、大規模な灌漑施設は作れないという環境条件もあって、灌漑設備が整っている地域が少なく、米作りは天水に頼っている。田植えができるのは雨季に入ってからなので、米作りも年に1回だ。

農家の土地所有面積はタイの他の地方より大きい。3ヘクタール、5ヘクタールという土地に一気に米作りをする。とはいえ、今では耕起にはトラクターを使うが、個人農家では田植えも稲刈りも手作業がほとんどだ。大型機械の購入費、維持費、燃料費よりも、人件費の方がずっと安くつく。家族、親戚、または日雇いの人に頼んでそれらの作業をこなすのだ。1ヵ月間ずっと田植えや稲刈りを続けるのは本当にきつい作業だと思うが、イサーンの農民にとっては、私たちが想像するほどではないようだ。定年まで毎日満員電車に乗って通勤するよりはずっといいと考える農民が多いと思う。

それでも田植えの準備、水の管理、雑草の処理、稲刈り、稲運び、脱穀などの作業を考えると、米作りは本当に大変だ。そして気になるのは米の値段だ。

農民は収穫した米（籾米）を精米所に売る。米の品種やその年の状況にもよるが、去年（2010年）精米所が買い取った籾米の値段は約14バーツ（40円）／キロだった。これだけの苦労をして作ってこの値段…。しかし、物価の差があるだけで、日本の農家も同じ状況かもしれない。

有機米は人気があるのか？

市場やスーパーで売られる時の白米の値段は 20 ～ 40 バーツ（56 ～ 112 円）／キロ。昨日スーパーで見たら、一番安いのはそのスーパーのブランドで、高いのは一番人気のジャスミンライス（香り米）だった。日本で言えば「こしひかり」だろうか。スーパーのブランドは米に限らず多くの商品を出しているが、安いが質も最低…というものがほとんどだ。有機米は売っていなかった。

知り合いの有機農家の人たちは有機農農産物市場などで 35 ～ 50 バーツ（98 ～ 140 円）／キロで売っている。もちろんこの場合は自分で精米して、袋詰めする必要があるので、精米機を持つ人は自分の精米機で、持たない人は村の小さな精米屋さんに精米してもらう。精米屋さんでの精米費は無料のところもあるし、払っても 1 袋（約 40 キロ）で 10 バーツ（28 円）とかそんなものだ。そのかわり精米屋さんは精米によって出た米糠はすべてもらえるというシステムだ。米糠は家畜のエサになるのでよく売れる。

イサーンの農家は 1 度に 3 トン、4 トンの米（籾米）を収穫するので、直売することができれば、一部自家消費用に残しておいたとしてもかなりの利益になる。ただ、農村では少々高くてもお金を出して有機米を買おうと考える人は少ないので、有機米に付加価値をつけるのは難しい。

バンコクのデパートや自然食品の店などを見てみると、有機米の種類はそれほど多くなく、50 ～ 75 バーツ（140 ～ 210 円）／キロで売られていた。都会に住む人の方が安全な食品に関する知識があり、そ

▶スーパーの米売り場

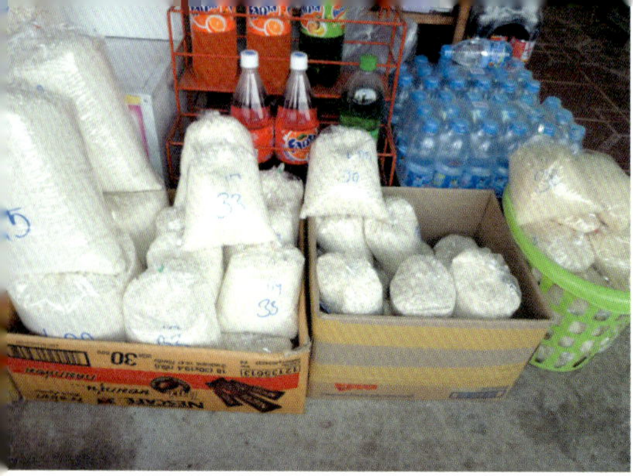

◀市場の米売り場

れを求める高所得者層が多いのは事実だけれど、実際にどれだけ売れているのかと思う。商品の陳列を見ても、売れている商品には見えない。

タイの米の味は？

ところでタイ米の味だけれど、日本人にはどうも「タイ米はまずい！」という印象を持つ人が多いようだ。昔、日本が米不足でタイ米を輸入した時に食べたイメージが強いのか。あの時輸入された米は、かなり質の悪いものだったらしい。

実際には、タイ米も日本米に劣らずおいしい。屋台などで出される米はパサパサで香りも味もないけれど、新米ならピカピカ光って香りもよく、とてもおいしい。日本からうちの農園に来た人たちは、「タイ米ってこんなにおいしいの?!」と驚き、たくさん食べてくれる。日本の有機農家の人が来た時も、おいしいおいしいと言って、何キロも持って帰り、「うちの子供たちは、うちの米よりおいしいと言って食べてます（笑）」と嬉しい便りもくれた。

タイ料理にはタイ米が合うし、和食には日本米が合う。刺身に香りの高いジャスミン米は合わないように、タイカレーに日本米は重たすぎる。だから日本でタイ米を主食にするのは無理があるが、米自体の質、味は、日本米に劣らない。米を作っているタイの農民は、米の質の良し悪しはちゃんとわかっている。

バンコクの人はおいしい米を食べていない

バンコクの人たちがどこまで米の味を認識しているかはわから

ないが、米を主食とするタイ人だけに、家庭での米の消費量は日本人よりずっと多い。先日、バンコクでタイ語を習っていた時のタイ語学校の先生を訪ねた時に、うちのお米をお土産に持っていった。先生はとても喜んでくれ、「バンコクではおいしいお米が手に入らないのよ〜」と言っていた。

先生は普段スーパーでお米を買っているらしい。デパートでお米を買うのはかなりの高所得者層か外国人。自然食品の店はどこにでもあるわけではない。市場やスーパーでも新米の時期にはそれなりのお米が出回るのだろうが、質や味はどうなのだろう。高い値段がついているデパートや自然食品店の米も、質や味についてはよくわからない。新米なのか前年の米なのかもわからない。

知り合いの有機農家は、「おいしいお米を食べたい」という人に自分のお米を売りたいと言っている。おいしいお米を売りたい農家と食べたい都会の人。それなりに流通はあるのに、両者がうまく出会う場所・機会が意外に少ないようだ。

コンピューター（インターネット）を使いこなす農民はまずいないし、日本のように確実に指定日に郵便物が届くような配達システムもないので、農産物のネット販売は発展していない。そろそろお米の直売方法を考えようかと思う。自家用精米機も探し求めよう。

7 何でも人の手でやるのがイサーンの農業

村の共同作業はなにかと面倒だ

11 月。イサーンは稲刈りの時期。稲刈りをする農民の姿に積み重なった稲の山と脱穀車が村の風景だ。

イサーンの個人農家は今でもほとんど手で稲を刈る。稲を刈り取って脱穀までしてくれるコンバインを持っている農家はほとんどない。コンバインを購入する費用、維持費、燃料費より、人件費の方がずっと安いからだ。

イサーンの農家は比較的大きな土地を所有しているので、田んぼも広い。うちの田んぼは 1 ヘクタールだけれど、他の農家は 2、3 ヘクタールくらいが普通だ。それを手で刈るのだから、作業は永遠に続くかと思われる。

家族内の労働力が足りない場合は、日雇いの人たちにお願いする。日雇い費は 1 日 250 バーツほど。これがこのあたりの農作業日雇いの相場だ。

昔はどこの農家も、田植えや稲刈りの際には親戚や村の仲間がお互いに手伝って作業を終わらせた。手伝ってもらった農家はお金を支払うのではなく、その日の食事やお酒を振る舞うのだ。これをタイ語で「ロンケーク（共同作業・労働交換）」と呼ぶ。でも最近は、人を雇ってやるほうが多くなってきた。食事を振る舞うのは大変で、

◀稲穂

▸日本の若手農家の皆さんと手で脱穀

そのほうがお金がかかったりするからだ。

うちも、母屋の屋根造りを村内の大工さんに頼んだ時には毎日昼食を用意したのだが、これがいつも夫婦喧嘩の種になっていた。うちは普段、畑の限られた野菜中心の食事だが、大工さんが来ている間の昼食は魚と肉料理をたっぷりと用意しなければならなかった。時には仕事後のビールまで。「別に野菜料理でもいいじゃん。なんで毎日ご馳走用意しなくちゃならないの。ちゃんとお金払って雇ってるのに！」と私が文句を言うと、夫は「そんな料理ばかり出したらたちまち村内の噂になるよ。あの家の食事はしょぼかったって。それに、ちゃんと仕事してくれなくなったらどうする！」。……。「そんな理由で仕事の手を抜くなんて、職人のプライドってものはないのか！」と頭に来たが、それが村の常識のようだ。

こんなことが面倒でロンケークがなくなりつつあるのかもしれない。それはわからなくもない。日雇い代をお金で払うより、ご馳走を用意するほうが高くつくという声も時々聞く。でも、こういう感覚が村をだんだん都会化していくのか…。

日本から助っ人が来た

うちの農園はちょうど稲刈りが終わったところ。1年分の自家消費用のお米は取っておき、残りは精米所に売った。売ったのは約半分。全部で2トンほどとれたが、ほとんど自分たち（といっても、働き手は夫1人）とたまに親戚の叔父さんにもお願いし、すべて手で刈り、手で脱穀した。イサーンでも脱穀は脱穀車にやってもらうことが多くなってきた今、手で脱穀している農家は少

◀脱穀車

ない。1束ずつ、大きな板に叩き付けて米粒を落とすのだから、かなりの作業だ。2トンでは、稲の束が2000束ほどあるのだから。

今年はちょうどこの時期に2つの日本人グループが農作業体験に来てくれたので、稲刈り・脱穀を手伝ってもらうことができた。最初のグループは、農作業が初めての大学生や社会人6名だったので、作業は思うように進まず大変だったが、お米を作る苦労を理解することによって食への感謝の気持ちが深まったと言ってくれたのが嬉しかった。

2つ目のグループは島根県浜田市弥栄の新規就農者の皆さん6名。自分の田んぼは田植えも稲刈りも機械を使っているので手で稲刈り・脱穀するのは初めてとのことだったが、さすが、コツをつかむのがうまく、作業が速い。稲束をトラクターに乗せたり降ろしたりという運ぶ作業も、あっという間に終わった。この人たちは3日間の滞在だったが、かなり作業を進めることができた。

おかげで稲が一番いい状態の時に刈り取ることができたので、お米の質も良く、精米所で調べてもらったら、「砕けていないきれいなお米の割合」が52%だった。これはとてもいい率なのだ。

稲は「刈り時」を過ぎるとどんどん質が悪くなるので、一気に刈るほうがいい。うちでは在来種などを含め5種類のお米を植えて、稲刈りの時期が少しずつずれるようにしている。そうすれば、人を雇わずに少しずつ稲刈りができるからだ。しかし多くの農家は、自家用消費用のもち米と販売用に人気品種の香り米を作るので、刈り時が重なってしまう。在来種よりも人気品種、これはタイの農家も日本の農家も同じようだ。

▶浜田市弥栄の新規就農者の皆さん（左側）とタイ人（右側）

イサーンの農家と日本の農家

弥栄もイサーンにまけずに田舎村のようで、皆さん、うちの農園の掘っ立て小屋のような宿泊所にもあらゆる種類の虫にも特に驚く様子はなかった。私がメンバーの女性を部屋に案内した時、水浴び用のタンクに蛙が泳いでいたので、ちょっとあせって、捕まえようとしたが、スイスイ泳いで捕まえられない。「すみません、タンクに蛙が…」と言うと、「あ～大丈夫ですよ。蛙くらい」と女性２人。さすが田舎の人、とほっとした。

イサーンの農村と日本の農村。農村生活の共通点は多い。助け合う関係、思いやる気持ち、農民の技と知識、自分で食を生産する安心感、自然との共存、異常気象の影響、うっとうしいうわさ話、閉鎖的な地域感覚、頼れない政府と行政、農民の高齢化、農業収入だけでは生活が成り立たない現状…。

いい面も悪い面も多くが同じだった。でもそれだけに、お互いの存在がとても近く思えた。同じ方向を目指すもの同士、刺激と希望を与え合う仲間が増えていく。

8　商品作物は難しい

ゴムはもうかるか

このあたりの村は、田んぼ以外はサトウキビ畑、キャッサバ畑、天然ゴム農園で埋め尽くされている。どれもイサーンでは代表的な商品作物である。うちの農園のまわりも、東隣はゴム農園、南隣はキャッサバ畑だ。イサーンでは、1年の収入のメインとなる米の他に現金収入源としてこれらの作物を植える農家が多い。

タイのゴムは9割が輸出用で価格は国際市場によって大きく変動するのだが、最近はこの価格がかなりいいらしい。しかし、ゴムが収穫できるのは植林後7年目からなので、価格がいいからといってすぐに植え始めても7年後にはどうなっているかわからない。だから、このように価格がいい時は、「あの時植えておけばよかった…」と後悔する農民も多いようだ。

隣の敷地に住む親戚の叔父さんは15年前から1ヘクタールほどゴムを植えているので、「今はいい収入になっているぞ」と嬉しそうだ。この叔父さんからは3年ほど前に「お前たちも早く植えたほうがいいぞ」と言われたことがあった。しかし、有機農業をやっているうちの農場で、化学肥料を入れないと成り立たないような作物を作るわけにはいかない。とまではっきり言わなかったけれど、叔父さんのアドバイスは丁寧にスルーした。

これらの作物を単

◀ゴム農園

▶したたるゴム液をためる

一で広範囲にわたって植える場合、化学肥料をたっぷり入れないと充分な収穫量にはならない。キャッサバはそれほど入れなくても育つが(土が良ければ入れない場合も)、サトウキビやゴムは入れないわけにはいかない。化学肥料を投入し続けるので土は痩せていくから、その分、更に投入量を増やして、うまく生産を回していかなければならない。しっかりと資金繰りして肥料代と収穫時に雇う日雇い賃金を捻出し、肥料を入れるべき時期に必要な量を投入しないと結局元がとれず赤字になってしまうのだ。市場価格が悪い時も持ちこたえられるだけの資金力も必要だ。この資金繰りがうまくできず、商品作物栽培で借金がどんどん増えていくという赤字サイクルから抜けられなくなったケースがよくある。

イサーンの農家は計算は苦手

そもそも収支計算が得意でないイサーンの農民。実際にいくら投資して、いくらの収入があって、約何時間の労働で、ときっちり計算する人は少ない。現金収入が入った時の額を何よりも重要視してしまうのだ。

今までゴム栽培をしている何人かの農民に収支について聞いてみたが、売上額は出てくるが、利益としていくらあるのかすぐに答えが戻っ

▶固まったゴム

◀シート状にする

てきたことは一度もない。「これだけ植えるとどのくらいの利益があるの？」と聞いても、「初期投資で耕起代、年間では肥料代、日雇い費で〇〇バーツの支出。収穫はこの期間で合計〇〇バーツの売上。だから利益はこのくらい。労働時間はこのくらい」というような明快な答えはもちろん戻ってこない。実際の会話はこんな感じ。

「年間の利益はいくらくらい？」

「〇〇バーツくらいかな」

「それって経費を引いた額？　それとも売上額？」

「売上額。毎年変わるけど」

「利益じゃなくて、売上額ね。去年の収穫量はどのくらいだったの？」

「3000キロくらい」

「1キロいくら？」

「去年は〇バーツ」

「収穫は年に何回できるの？　何月？」

「4ヵ月間」

「その期間ずっと？」

「そう。毎朝」

「あ～　毎朝少しずつ取れるんだ。それが4ヵ月間くらい続くのね。その合計が3000キロだったってことね？」

「そう」

◀植えたばかりのキャッサバ

▶掘り出したキャッサバ

「何にどれだけ投資する必要があるの？」
「化学肥料代がかかるよ」
「いくら？」
「1袋○○バーツ」
「1回に○○袋入れるの？」
「○○袋くらい」
「じゃあ、合計で○○バーツくらいね？」
「あー、1年に○回肥料を入れる」

と、ひとつひとつ質問して、やっと全体象がつかめてくる。たとえ「ゴム栽培のことはよく知らないので、全体をわかりやすく説明して」とお願いしたとしても、一からわかるように説明してくれる人はいないので、質問しながら頭の中で組み立てていかなければならない。

商品作物をめぐるジレンマ

結局はビジネスなのだ。どこまで投資して、資金繰りして、市場を把握して、というように。ビジネスセンスがないと、商品作物栽培はギャンブルのようなもので、市場価格に左右され、規模が大きければ大きいほど、運が良ければお金持ち、悪ければ赤字まみれになる。

タイ人だって、日本人だって、ビジネスセンスがある人もいればない人もいる。農民だからといって、作物を上手に育てているだけではやっていけないのだ。そう考えると、作物栽培の知識と技術を身につけ、天候を読み、ビジネスセンスまで持ち合わせなければいけない農業は、ずいぶん難しい職業なのだと思う。

NGOスタッフだった頃は、イサーンの農民は商品作物の栽培などせずに農業で生計を立てるのが理想的だとは思っていたが、実際に自分がイサーンで農業をしながら、うまく資金繰りをしている商品作物栽培農家を見ると、これはこれで安定した農家だなぁと思う。自然環境保全、持続可能な農業…と考えると、当然勧められることではないのだが、それに代えて提示できる、確実に生計を保証する術は見つからない。

水の少ないイサーンの地で野菜を作って売るのは、よほどの市場がない限り手間の割には安すぎるし、家畜を育てて売るにはそれなり規模が必要だ。自分では化学肥料で商品作物栽培するつもりはないけれど、商品作物栽培がイサーンの農民を支えている部分があることも否定できない事実なのだ。

9　牛も人も月の動きのままに

「仏の日」に牛を交尾させる

イサーンの農家では、牛、水牛、豚などの家畜を飼っているところも多い。うちでも水牛や豚を飼っているので、私も何度も出産の場面に立ち合った。

牛は妊娠期間が 10 ヵ月なので、1 年に 1 度出産、豚は 4 ヵ月間なので 1 年に 2 度出産する。もちろん交尾をさせればの話である。オスとメスが同じ小屋内に一緒に飼われていない場合、「盛りがついたら」交尾させる。村人たちはメスを見て判断し、オスを連れてくるのだ。

そろそろ交尾させたいと思ったら、まずカレンダーを見て、いつが「ワン・プラ」か確認する。ワン・プラ前後に「盛りがつく」＝メスの排卵日であることが多いからだ。

1 ヶ月に計 4 日あるこの「ワン・プラ」。ワンは「日」、プラは「お坊さん」、「仏像」などという意味だが、そもそもは「ワン・タムマサワナ（説法を聞く日）」の略なので、日本語では「仏の日」と訳されることが多い。これは陰暦の 8 日、16 日、23 日、月末日にあたり、新月、満月、上限、下限の日に一致する。この日、多くの村人は朝からお寺に集まり、食べ物や日用品を寄進する。そして、お坊さんから説法を受け、寄進後の残りの食べ物を朝食として村人

▶左上にお釈迦様のマークがある日が「ワン・プラ」

水牛

たちでいただく。今の時代、若者はほとんど来ないが、年配の人たちは欠かさず行く人も多い。ワン・プラでなくても、少ない人数ではあるが必ず何人かの村人は、毎朝お寺に出向いている。お寺の行事などの連絡事項はこの日に通達されるなど、仏教徒がほとんどのタイ人には重要な日なのである。

さて、メスの排卵日がワン・プラと重なるのは、ワン・プラが満月や新月と重なるからである。動物の生理現象は月の満ち欠けと一致するので、排卵もそして出産も満月や新月の日が多いのだ。もちろん人間もそうで、満月や新月は他の日よりも出産率が高い（自然分娩の場合は）。そもそも人間を含めた動物の月経は月の周期と同じなのだ。女性の月経周期が 28 ～ 30 日であるのは、月の周期が 29.5 日だから。現代人は、自然の流れよりも時間の流れで生活しているので、月経も自然の周期からずれていく人も多いけれど、さすがに本能で生きている動物の身体は月の動きに反応している。

牛の胎盤を食べる！

ワン・プラに交尾させ、出産月にはカレンダーを見て「そろそろ出産かな」とワン・プラを探す。家畜の出産は農家にとってはもちろん嬉

胎盤煮込み

▶生まれたばかりの水牛

しいこと。牛は1回に1頭、豚は10～15匹生まれる。

牛の出産には更に特典がつく。胎盤が食べられるのだ‼ 人間の出産の場合、出産後15分ほどで胎盤が出てくるが、牛の場合は3時間後くらいに出てくる。それを見計らって、バケツを持ってお母さん牛の背後に近づく。胎盤が出てきたところをバケツでキャッチ！ ほっておくと、犬に食べられてしまうからだ。

この胎盤はイサーン人にとって、ご馳走である。レモングラスなどの薬草と煮込んでいただく。味は、苦味があってそこまで美味というほどではないが、食感と、何よりも出産の時しか食べられないという貴重さが「ご馳走」としてランク付けさせるのだろう。そして、これほど栄養価の高いものもない。何せ胎盤なのだから！

牛が出産すると、胎盤煮込みを隣の敷地に住む義理祖母と叔父家族の家におすそ分けに持っていく。もちろん向こうも牛の出産があると持ってきてくれる。何度か食べていると何だかとてもおいしく感じるようになり、今では私も牛の出産を心待ちにするようになった。しかし、どんなにタイ料理好きの日本人でも食べたことがある人はまずいないだろう。イサーンの農村に住んでこそ得られる特権だ。

人間と動物と月の関係

農園暮らしをしていると、人間も動物

▶生まれたばかりの豚

も、自然の一部なんだということを改めて考える。人間と動物と月の関係。そうだ、昔は農業も漁業も、そもそも陰暦（月の満ち欠け）に合わせていたのだ。種まきや収穫も月の周期に合わせていた。イサーン人は、知識として説明できなくても、まるで常識のように自然と動物の関係を生活の中で身につけている。それだけに自然が壊れていくことにも敏感だ。都会に住んでいると、異常気象で夏の気温がどんなに上がっても、一番心配なのは電気代が高くなることなのだから。

出産予定日の計算法の話をしていた時のこと。私が夫に「普通は最後の生理の初日から数えて280日目が出産予定日だよ」と言うと、「ふ〜ん、そうなんだ（全く知らなかった様子）、牛は295日だけどね（交尾した日から数えて）」

人間の身体ことは知らないのに、牛のことは知ってるんだ、さすが。

今では、私の機嫌が悪いと、夫はカレンダーを確認する。そして「あ、ワン・プラだ」とあきらめる。そう、月のせいです。私が悪いんじゃありません！

村の暮らし

▲農園のバナナ

10 農民に必要なもの。それは、技と精神力

イサーン料理だけなら完全に自給できる

有機農業、自然農業をしていると言うと、「自給自足ですか？」と聞かれることが多い。この人、自給自足って、どの辺までのことを言っているのだろう？と考えると、何と答えていいかわからない。外から何も買ってこないで食料を賄うという意味なのか、調味料以外の食料に限ってという意味なのか、食料以外の出費を農産物販売からの収入で賄えるところまでなのか。人によってイメージは違うだろう。

イサーンの多くの農家がそうであるように、うちももちろん主食の米はたっぷりある。毎日イサーンの家庭料理を食べるなら、必要なものはほとんど自給できる。いくつかの調味料があればいいだけだ。ナムプラー（魚醤）、プラーデック（魚を塩で発酵させたもの。タイのアンチョビ）、塩、砂糖くらいだろうか。プラーデックは池で獲ってきた魚で義母が作ったものなので、これも自給と言える。

イサーンの各種スープの出汁を取るのに主に使われるのは、レモングラスとなんきょう（タイの生姜）。これに、肉や魚の出汁が加わり、ナムプラー、プラーデック、塩、砂糖などで味付けする。酸味をつけたい場合は、ライムかタマリンド、辛くしたい場合は、唐辛

▶なんきょう（タイ生姜）

◀イサーンのソムタム(発酵魚入り青パパイヤサラダ)

子。日本人にもお馴染みのトムヤム（酸っぱ辛いスープ）なら、香り付けにマックルー(こぶみかん)の葉を入れたりする。

レモングラスは一株植えればみるみるうちに増えていくし、なんきょうは一度植えればほっておいても育っていく。ライムは旬の時にしか実をつけないので１年中は手に入らないが（市場では売っている)、タマリンドの果肉は保存できるので常備できる。どれも自給できるものばかり。スープに入れる野菜はパクチー（香菜)、ネギ、各種バジルなどなど葉物がメインだが、野生のものも多い。

イサーンの定番ソムタム（青パパイヤのサラダ）も、青パパイヤ、唐辛子、にんにく、プラーデック、ナムプラー、ライム、タマリンドくらいがあればできるので、ほぼ自給だ。

私もイサーンのお母さんの技が身についた

あるものだけで食生活を賄おうと思ったらできるけれど、やっぱり時にはいつもと違うものも食べたくなる。自給自足生活でも使える食材を増やすには「技」が非常に重要となるのだ。その技とは…、虫、カエル、赤蟻、カニなどを捕まえる技であり、タケノコやきのこなどを目ざとくみつける技である。

赤蟻採りなんて命がけだ。赤蟻にかまれたら痛いのなんのって！　よくマンゴ

◀タケノコをゆでる

▶ペーストもミルクも自家製グリーンカレー

ーの木の葉を丸めて巣を作っていてその中に卵がある。網ですくって採るのだが、その時に赤蟻がばらばらと落ちてきて、赤蟻まみれになったら地獄だ。その防御としてベビーパウダーを体に塗る。赤蟻が粉を吸い込んで息ができなくなるように！　私はそこまでして食べなくてもいいと思ってしまうのだけれど、イサーンの人たちはその収獲作業自体も楽しんでいるように見える。

タケノコ料理はイサーンの人の大好物で、雨季には毎日のようにタケノコを食べる。早朝からお義母さんの姿がずっと見えないけど、どこに行ったんだろうね？　そんな時は必ずタケノコ採りだ。そして袋いっぱいにタケノコを入れて嬉々として戻ってくる。よくあるうちの雨季のワンシーン。それから、皮を剝いて、ササガキに切って、ぐつぐつと長い時間かけて灰汁を取る。それをそのまま保存してもいいし、発酵させてもいい。スープにしたり、炒めたり、薬草と一緒に蒸したりと、タケノコの調理法はバラエティにとんでいる。

食べ物の準備に時間を費やすことができるのは、贅沢なことなのかもしれない。日本のように先進的な暮らし？をしていると、時間のかかる手作業や、内職のように同じことを繰り返す作業を「無駄な時間」に感じてしまう。機械はないのか。誰か雇えないのか。効率を最優先して考える思考回路になってしまう。その作業自体を楽

▶ココナツを割る

しもうという発想がなくなってくる。

私も日本で暮らしていた頃は、料理は好きでも保存食や発酵食を作ろうと思ったことはなかった。でもタイ生活の時間の進みの中では、肉が大量にあれば薄切りにして塩と胡椒を揉みこみ干し肉に、魚は開いて塩を揉みこみ干し魚に、トマトが大量に収獲できたらソースに、発酵ものならヨーグルトは自家製、もち米からドブロクを作り、天然酵母も自分で仕込んで生地をひたすらこねてパンを焼いたり、魚の腹に塩、にんにく、お米を入れてプラーソム（発酵魚）を作ったりと、そんなことをするのが自然に生活の一部になっていった。グリーンカレーのペースト自体を作り、ココナツを割って果肉を削って搾ってミルクをとるなんて、日本では思いつきもしなかったことだ。

イサーンのお母さんたちにはかなわないにしても、技もいつの間にか身に着いているもので、炭に火をつけるのも、最初はコツがつかめず何度もやり直していたのが、今では一瞬にしてつけられるようになった。魚や鶏をさばくのも、生き物は何でも内臓を出して、パーツに分けて、と基本は同じ。おそるおそる内臓を手でえぐり出していたのはもう遠い昔。今は、どれだけ傷つけずに取り出せるかと内臓をつかむ手がやさしくなるほどに。

といっても、毎回毎回全部を一から用意するわけではない。買ってきた肉も食べるし、できあいのペーストやココナツミルクを使ってタイカレーを作ることもある。なんて簡単！と、子供が二人できてからは、その簡単さに対する感動はひとしおだけれど、味においては大きく妥協しなければならない。本当のおいしさがわからなくなったらおしまいだなと肝に銘じつつ。

私はずっと石臼で唐辛子をつぶせるだろうか

食べ物だけでなく、イサーンでは何をするにも手作業が多く、みんなそれを楽しむことを知っている。手を動かしながら、口も止まることなくおしゃべりが続くのは女性が得意。ただ1人で黙々と作業する時は、瞑想と同じ精神状態になる。

今の時代、頭の中でくるくると考え、創造的なことを次から次へとこなすせる人が「できる人」扱いされる。同じ作業を内職のようにコツコツを続けることに対する評価は低い。

その成果が技術性の高いものであると「職人」として尊敬されるが、そうでもない場合、「誰にでもできる仕事」と片付けられてしまう。果たしてそうだろうか？　たとえ誰でもできる技術のものであっても、その作業を長時間続けるのはかなりの精神力が必要だ。

稲刈りをしていて思う。私も何年か稲刈りをしているので、コツも覚え、そこそこのスピードでできるようになった。倒れた稲を刈るのは技術がいるのでスムーズにはいかないが、まっすぐ立っていればかなりのスピードが出せる。瞬間速度だけ測れば、イサーン人にも負けないのではないかとちょっと自信がある。が、その速度、本当に瞬間なのだ。10分続けばいい方だ。集中力が落ちてきて、だんだんとペースが遅くなる。30分後には、持続力重視のスピードになっている。しかし、周りのベテランたち、「イサーンの百姓」の皆さんを見ると…スピードが落ちない！時々おしゃべりをしているのにもかかわらず、手の動きは変わらない。スピードと持続力の両方を備えているのだ。もちろんそのくらいやらないと、あの広大な田んぼの稲刈りは永遠に終わらない。農民のすごさは、技術だけではなく精神力にある。職人の精神力と言えようか。これはとてもとても「誰でもできる仕事」ではない。

「自分はやらない。でもやろうと思えばできる」、「今は手放せないけれど、なくてもどうにかやっていける」このセリフが言い訳になっていることがある。重要なのは、「やろうと思えばできる」ではなく、じゃあ、「やるのかやらないのか」なのではないか。やらないのならできないと同じ。やらなければならない場面になっ

◀石臼で唐辛子をつぶすお義母さん

たらやれると高をくくっていると、実際にその場面になった時でも、技術的にできなくなっていたり、面倒で「やる気」を出せなくなっていたりすることがある。

機械を使わずに米つくりをしなければならない状況になった時に、技術面は置いておくにしても、田植え、稲刈り、脱穀を、何週間も朝から晩まで自分の手のみでやり続ける精神力がある日本人は、今の時代どのくらいいるだろう。

一味唐辛子を作る作業。タイ料理は唐辛子の消費量が半端ではないので、常に使えるように、生の唐辛子を日光で乾かし石臼でつぶして粒状にして保存する。私が「お義母さん、面倒だからミキサーでつぶしちゃおうよ？」と言うと、「石臼でつぶした方がおいしいのよ」とお義母さん。予想できた答えだけれど、これだけの量の唐辛子を石臼でつぶすのか…とうんざりする。

子供に手がかからなくなった時、私はミキサーを使わず石臼でつぶせるのだろうか。腕がコツを覚えているか、やる気を出せるか。時間がないとかなんだかんだと言い訳して、ミキサーを使ってしまいそう…。そしていつの間にか、石臼でつぶすということすら頭に浮かばなくなるのではないか。

「まだ子供に手がかかるから」と言っている時点で既に言い訳なのだ。せめて、自分が「言い訳している」ことだけは、素直に認めておこう。

11 イサーン時間に身を任せ

魚を捕まえる前に火を起こすな

日本人ほど時間に正確な民族って他にいるのだろうか。よく聞く話だと思うが、タイ人と時間の約束をしても、時間通りに来ることはまずない。約束する時も、「んじゃ、明日の午後ね」という具合で時間は決めない。

相手が家に迎えに来てから「ちょっと待って。ご飯食べよう!」、「水浴びしてくるね」と言っても、誰も怒らない。どうぞどうぞ、とゆっくり待っている。会議でさえも、決めた時間より何時間も遅れて始まったりする。遅れてきた人も特に謝るわけでもない。

都会の人はもう少し時間に対する意識が高いが、田舎はまだ「時計が示す時間」より、「体や生活の流れに合わせた時間」で動くことが多いのだ。タイ人だけでなく、暑い気候の国の民族は比較的時間にゆったりしている。せかせかすると余計暑くなるので、それも自分の身体を守る術なのだろう。

日本では何でも事前に用意しておくことが評価されるが、タイではそれをよしとしない言い伝え(?)を時々聞く。「魚を捕まえる前に火を起こしたら、魚が捕まらない」、「出産前にベビー用品を用意するのは縁起が悪い」など。

日本では、「魚が捕まったらすぐに料理を始められるように、火をおこしてスープのお湯を沸かしておこう」とか、「出産後は動けないから先にベビー用品を買っておこう」と考えるのが普通だ。しかし、タイでは、それが必要になったその時に初めて用意することが多い。その時になって待つことになっても、その時間を「無駄」とか「効率が悪い」と感じる人はいない。

「変更」「変更」も悪くはない

私は長年日本からの研修ツアーのコーディネートをしているが、予定を立てても、その通りにいくことは少ない。タイでのコーディネートは「事前の準備」よりも、「予定通りにいかなかった場合の対応」をどれだけこなせるかの方が重要だ。何ヵ月も前から訪問依頼をしても忘れられてしまうので、約束した後も何度か確認の電話をする。ギリギリにもまたする。そこまでしても、前日に、当日に、やっぱり変更、もある。

観光ツアーではないので、一方的にこちらの要望を通すのではなく、訪問先の都合や希望にも合わせるようにしている。予定に入っていなくても、「皆さんにうちにも寄ってほしい」とか「一緒にご飯を食べよう」とかいうことがある。そんなタイ人気質を知るのもスタディツアーでは「学び」となる。

しかし、訪問先変更、お店変更、時間変更と、次から次へと出てくる「変更」に対応しながらも、結果的に参加者にも受け入れ先にも満足してもらえるツアーにしなければならない。それがコーディネーターの仕事である。めまい寸前の事態が何度もあったが、その都度どうにか対応してきた。今ではそれにも慣れ、少々のハプニングがないと面白くないとまで思うようになった。実際、参加者の体調や興味により計画を変えることが、参加者の満足度をあげることに繋がったりすることもある。「変更」は悪いことばかりではない！

カレンダーは買わない

日本人は、とにかく「約束」したことを「守る」ことに真剣だ。誰もが忙しく予定びっしりの生活だから、1つの約束がずれると他に影響するからだろう。友達と会うのでさえ1ヵ月前から決

▶私の結婚式

めておいたりする。結婚式などの特別な行事だったら数ヵ月前から知らせるのが当たり前である。日本において、「今週末、結婚式だから来てくれる？」と言われたことのある人はまずいないだろう。ところがタイでは、よくあることなのだ。

ある日の夕方、隣の敷地に住んでいる義理祖母が「明日○○（親戚の息子）の結婚式だから」と伝えに来た。「あ～行く行く」と夫。次の日には、義理の祖父母、家族、親戚と一緒に結婚式に向かった。このギリギリ召集、葬式なみだよっ！と思ったが、それでも人は十分に集まるのだ。

私の結婚式もイサーンで挙げたのだが、日本の家族・友人も参列してくれることになっていたので、早く日取りを決めたかった。タイも特別なことをする日はいい日を選ぶ。日本で言うところの大安や仏滅のようなものがタイにもある。旧暦の奇数月が良いとか、その他にも条件があるようで、私にはわからない。義理祖父に日を決めてもらおうということになった。

しかし、2月くらいに挙式したいと思っているのに、11月になっても、夫はまだ祖父に聞いていない。

「日本人は何ヵ月も前から職場に休暇届を出したりしないと行けないんだから、早く決めないとみんな来れなくなっちゃうよっ!!」とせかしても、「来年のカレンダーがないからわからない」という答え。そして「カレンダーは、稲刈り（11月）が終わってそのお米を精米所に持っていった時にもらえるものだから、それまではわからない」と言うのだ。「カレンダーなんて、買えばいいだろ～～っ!!」と私はぶち切れそうになった。

もちろんカレンダーは売っているのだ。しかし、年末になると精米所や銀行などでもらえるので、カレンダーを買うイサーン人はいない。何ヵ月も前から先の予定を立てる人もいない。
だから夫に「カレンダーを買う」という発想はなかったのだが、この時ばかりは説得されて買い、無事結婚式の日取りが決まった。日本の家族・友人にすぐに伝え、45人もの日本の親戚や友人がイサーンの田舎式結婚式に出席してくれたのだが、本当に冷や汗ものだった。
タイにも招待状を出す習慣はあるのだが、近くに住んでいる人だったら前日までに配れればいいだろうという感じだ。当日もあり。良い日を選ぶと週末・祭日にならないこともあり、平日に結婚式が行なわれる場合も多い。それでもたくさんの人が参列してくれる。そんなに簡単に仕事を休めるのか？と日本人なら心配になるところだが、田舎なら農家が多いので、そこは自由だ。数日続く結婚式の食事も、村のおばちゃんたちが大勢で手伝って作ってくれる。

何もしていない時間も大事なんだ

日本人にとって、「何もしていない時間」「待っている時間」は無駄な時間。生産的なことをしていないのは無駄な時間。タイ人に、日本の電車の時刻表と本当にその時間ぴったりに来る電車のことを話すと、そんなことあり得ないし、そんなことする意味がわからないと半信半疑だ。日本は電車が1分遅れても、謝罪のアナウンスが流れる。急いでなくても「待つ」ことにイライラする。タイ人にとって待つ時間は、ゆっくりする時間、おしゃべりの時間、ぼ〜っとする時間。村での時間の流れはそんな感じ。
忙しくしていないから、村の誰かが困って助けを呼んだ時にすぐに手を貸すことができる。それが当たり前でお互い様なので、遠慮なく声をかけることができる。助けてもらったところで、お礼をする必要もない。

▶親戚の結婚式

日本人にとっては本当に「時間は貴重」なので、人に助けをお願いすることにとても恐縮する。それならお金を払って業者に頼んだほうがいい、ということになる。だからいざという時に業者に支払う貯えがないと不安になる。そう思うと、イサーン人が家の前でおしゃべりしたり、ぼ〜っとしながら過ごしている時間は、お互いを支えあうための時間だとも思える。お金のかからない保険、自分の体で返す保険、というところだろうか。

うちの車がぬかるみにはまって出られなくなった時も、いつの間にかワラワラと村人が集まってきて（忙しい田植え中だったにもかかわらず！）、車を引き上げてくれた。夫は「あ、どうも！」という感じで、手伝ってくれた村人たちも、終わると何事もなかったようにさっさと引き上げていった。日本だったら恐縮して、後日、菓子折りでも持って配り歩くところだ。それだけ村では助け合うことが当たり前なのだ（あ〜もちろんそれだけに、うっとうしいことも多々ありますけど）。

時間に対する考え方…。簡単に「無駄」と切り捨てると、大事なことをなくすことになるかも。村にいるとそう思わされることがよくある。

12 イサーン人は宴会上手

多国籍大宴会の開始

先月は、南アフリカ人の皆さんがうちの農園に来てくれた。日本国際ボランティアセンターが南アフリカで進めているHIV/エイズ陽性者支援事業に関わる人たちで、タイのHIV/エイズ政策や支援事業を学ぶスタディツアーで来タイしたのだが、有機で家庭菜園をしている皆さんということで、うちの農園にも2泊することになったのである。

昼間の農作業体験の後、夜は歓迎会を兼ねての宴会。最初、参加予定者は、南アフリカの皆さん8人と、ツアーに同行していたJVC東京事務所の南アフリカ事業担当とパレスチナ事業担当の日本人スタッフだった。でも、せっかく南アフリカの人たちが来るのだから、国境の向こう側のJVCラオス事務所の皆さんも呼ぼう！と声をかけたら、なんと、「全員で行きます！」との答えで、ラオス人、日本人、オーストラリア人、総勢11人が揃って参加。タイ側では、NGO仲間たちや、料理を準備するために夫の妹や親戚の叔母さんたちを呼んでいたので、こちらも大人数。この日のメインである豚BBQのために、豚をさばくのを手伝いに来てくれた叔父さんたち、この村の村落開発委員になった親戚の叔父さんが委員長まで連れてきたりして、結局、大人40名（子供7名）の大宴会となった。

この宴会で一番盛り上がったのが南アフリカの皆さんの歌と踊りだった。

「南アフリカの人はみんな、ゴスペルとか歌えちゃうんでしょう？　今日はたくさん人が来ているから是非披露して！」とお願

▶南アフリカの皆さんと大宴会

いすると、「まあ、いいけど」といまいち乗り気でないような返事だったが、これがくわせもの。実際に登場した時は、全員ステキな民族衣装を身にまとい、自信満々で現れた。そして披露してくれたゴスペルの素晴らしさといったら！ 「南アフリカの人たちは自分の民族に誇りを持っている」というのは、これを見れば誰もが納得するはずだ。

ラオス人も踊りだす

南アフリカの皆さんのゴスペルの歌と踊りは何曲も続き、すっかり彼らの舞台となった。すると、ラオス人たちが立ち上がり、「私たちも踊ります！」とみんなで歌って踊りだした。それを見てすぐイサーン人も合流。ラオスとイサーンに共通の「モーラム」という伝統歌謡だ。

こういう場でさっと芸ができる民族って、本当にうらやましい。モーラムもゴスペルも、誰がいつ何の歌を決めるのかわからないが、立ち上がったとたんに歌と踊りが始まる。

しかし、このような場では、日本人はたいてい「こちらにふられませんように」と内心びくびくしている。ふられたらふられたで、何を歌うか決めるのにぐずぐずと時間がかかってその場が白けていく…。

今回も、私を含む５人の日本人はひたすら観客側に徹底するだけだった。みんなのエンターテイメントぶりに惚れ惚れしつつ、「あ～日本人はすぐに出せる芸がないとなぁ」と反省する。カラオケは大好きでも、その場でパッと歌えて踊れる日本人って本当

◀食事の準備をする厨房

にいない…。

みんな勝手に盛り上がる

とにかく予想を超えた大人数となり、調理場も宴会場も勝手に盛り上がっていた。ホストとして、みんなに飲み物が行き渡っているか、つまらなそうにしている人がいないか、見回そうかと一瞬思ったが、すぐにあきらめた。無理…。把握しきれないので、みなさん好きにやってもらおうと気持ちをリセット。これがイサーンの宴会のいいところだ。

日本だったらホスト役はお客様に限りなく気を使い、宴会後にはへとへとになるところだが、イサーンなら、その家の住人でなくても勝手に台所へ入って料理の手伝いをしてくれるし、好きなところに座って勝手に盛り上がってくれる。イサーンの多くの家がそうであるように、うちの台所も家の外にあって十分なスペースをとってあるので、10人で料理しても余裕だ。

今回は、親戚の叔母さんたちに加え、ラオス人やタイ人の若い子たちが率先して肉を焼いたり皿に取り分けたりしてくれたので実に助かった。もちろんこの子たちも楽しむことを忘れない。日本人のように「これ使っていいですか？」なんていちいち聞く人はいないので、その家の住人が付きっ切りになる必要は全くない。イサーンのおばちゃんたちはこんな時、人の家の台所とは思えないほど手際のいい動きを見せるので、それにはいつも感心する。そのかわりホスト側は「何でも好きに使って！」という覚悟を決めることが必要だ。「え～それをそこに使っちゃうの…?!」というような、もし大事なものでもあれば心臓が止まるほどのことがおきかねない。どうなってもいいものしか置いておかないのが鉄則だ。壊れても、なくなっても、どうなってもいい、宴会さえ楽しければ…。これがイサーンの宴会である。

役割は自然に決まる

イサーンの田舎では、結婚式もお葬式も、男子が出家する時の得度式（親に恩を返して成人するという意味で、男子は結婚前までに短期で出家する）も、自宅で行なうことがほとんどだ。結婚式はホテルでというのは今どきのバンコクの話。何十人、何百人の人が来ても、料理も片付けも村のおばちゃんたちが仕切ってくれる。

もちろんこのおばちゃんたちも同じご馳走を食べられるのだが（一番おいしいところを食べられるのは調理場だったりする！）、主催者は料理のおばちゃんたちに日当を払うわけでもない。村の誰かの家で式があれば、村の女性たちで料理することが当たり前になっているのだ。

牛や豚をさばくのは男性の仕事。子供たちは、大人のじゃまを一切することなく、大きい子が小さい子の面倒を見ながら子供同士で楽しく遊んでいる。儀式を仕切るのは長老たち。

どんな式でも綿密な役割分担と計画のもとに進められているわけでは全くない。それぞれの役割が自然に決まっていて、その役割を大いに楽しみつつ、伝統的な儀式をすみやかに行ない、場を盛り上げるのも忘れない。イサーン人は本当に宴会上手だ。宴会の時って民族性が出るものだなぁと思う。

民族の誇りを表すゴスペルと、あっという間にその場の全員で盛り上がれるモーラム。私も何か、日本人の民族性を表せる芸でも身につけたい…と思いつつ、もう何年経ったことだろう。モーラムなら、そこそこうまく踊れるんですけどね。

13 年末年始は どこからともなく人が集まる

友達も家族もみんな一緒

タイでは4月中旬の「ソンクラーン」というバラモン教起源のお正月がメインなので、12月と1月の年末年始はソンクラーンほど盛り上がらないが、家族と親戚が集まり、おいしい料理やお酒をいただきながら過ごすのは日本と変わらない。日本では、年末年始は忘年会、新年会、年賀の訪問・集まりなどの予定を立てる人が多いだろう。でも、会いたい人たちとだけ会うなら楽しいけれど、義理実家に行くのが苦痛という話もよく聞く。ゆっくり楽しく過ごしたい年末年始。日本ではそうもいかない人が多いかもしれない。

去年の大晦日は夫の地元の村へ行った。義妹の家で過ごしていると、どこからともなく地元仲間が集まってきて、いつの間にか宴会になっていた。もちろん約束していたわけではない。家の前で数人で飲んでいると、友達が通りかかり、声をかけ、だんだん増えていくだけである。

元旦は、村内の空き地でのスポーツ大会。大人たちはビール片手にセッパタクロー（足を使ったバレーボールのような競技）のトーナメント戦、子供たちはまわりで好き勝手に遊んでいる。村内のほとんどが参加しているようだった。

家族全員で参加でき、その上地元の友達もみんな一緒に過ごす元旦。事前に約束するわけでもなく、その時来たい人が来る。なんだかいいなぁとうらやましくなった。

▶子豚をさばく

すべていきあたりばったり

今年の31日は、特に予定は入っていなかったのに、昼前になったらいきなり「おばあちゃんちで豚BBQをすることになった」という。おばあちゃんちというのは隣の敷地なので、それならと行ってみると、うちの農園で飼っている子豚2匹が既にさばかれ炭火で焼かれていた。「あれ？　明日お義母さんが来るから、うちで豚BBQするって言ってなかった？」と私が言うと、「明日は、牛食べるから」。あ、そうなんだ、ふぅ〜ん。このくらいの予定変更はいつものことなので、特に驚かない。そのうち親戚が集まり、大人子供含め15人ほどで宴会となった。

午後になると、明日迎えに行くはずだった隣りまちに住んでいる義母を「やっぱり今から迎えに行って、今日はお母さんちに泊まって、明日一緒に戻ってこよう」と夫が言う。まあ、いいけど。さっそく子連れで泊まりの用意をした。しかし、行ってみたら、義母は働いている食堂の忘年会が終わるまで帰ってこないとのことだったので、それまで義妹の家で過ごした。

次の朝、義母と義妹の子供たち2人と一緒にうちへ戻り、また義理祖父宅に集合。別の親戚が来ていて、再び10人ほどの宴会。食事後、うちの息子と親戚の子供たち（総勢6名）の相手をしていると、大人たちが「ナコーンパノム（車で2時間くらいの隣県）へ行

▶豚BBQ

▲外でまったり飲み食いするお正月

く」と言い出した。数ヵ月前に離婚した親戚の娘（25歳）に新しい彼ができたので、その彼の家へ行くとのこと。なんでいきなり？　さっきまでご馳走食べて、お酒飲んで、まったりしていたと思ったら…。まあ、好きにしてください。

よくよく聞いて見ると、結婚の申し込みというか、ご挨拶に行くと言う。普通は、男性側の両親が女性側の両親に「娘さんをください！」とお願いしに行って、結納金などを決めてくるのだけれど、今回は相手の男性はまだ21歳で貯えもなく、実家も裕福でないので、女性側から出向くことにしよう（結納金もなしでいいことになるらしい）と、本人たちが話し合ったらしい（だから、この娘の親、親戚とも、あまり相手をよく思っていない）。そして、いきなり、元旦に親戚が集まっている席で、その娘が「私の相手に会いに（結婚のお願いに）行って」と言ったらしい。

そもそもこの娘の母親は小さい時に亡くなり、父親は再婚してバンコクに住んでいるので、父方の兄弟である叔父さん叔母さんが育ての親（うちの隣の敷地に住んでいる）。だからこの叔父さん叔母さんに、婚約者への結婚の申し込みをお願いしたらしい。それが、元旦で親戚が集まっていたので、みんなで行こうという流れに…。こんな重要なことなのに、その場決定するとは、さすがと言わざるをえない。着の身着のまま、出発準備にも5分とかからない。近所のコンビニに行くのかというほどの身軽さだ。

遠慮しない仲もいいものだ

いつも思うことだけれど、こちらの人は、誰を訪問するのもされるのも、集まってご飯を食べたりするのも、本当にいきなりで気軽だ。携帯は農村にも普及しているけれど、その時つながらなければ突撃訪問。留守だったらあきらめればいい。訪問された方も非常識だと怒るわけでもなく、大体は相手をしてくれる。忙しければ、遠慮なく自分の仕事を優先させればいい。といっても農家だったら仕事内容は自分でコントロールできるのだ。

相手が忙しいのではと気を使い遠慮しているうちに、連絡しなくなり疎遠になる…。日本ではそんな人間関係が増えてきた気がするけれど。遠慮しない仲もいいものだ。

さて、娘の婚約予定者を訪問したが、結局結婚の決定にはならず、相手の家でみんなで夕食を食べて帰ってきただけだった。気の知れた仲間同士で遠慮のない訪問はわかるけれど、まだ婚約もしていない相手の実家に対してもこれだ。お互いに心が広くなければ成り立たない関係だなとも思う。

小さなことでキリキリせず、誰か来たら、自分のことはさておき、お客さんを歓迎する。時間に追われる生活をしていたら難しいことだけれど、気持ちの問題も大きい。イサーンの農民のように心を広く持てますようにと今更ながら、新年の祈願でもしてみよう。

14 タイのデモをあなどるなかれ

赤シャツVS黄色シャツ

2010年4月～5月は日本でもバンコクの暴動のニュースが盛んに報道されていた。ちょうど私は日本に一時帰国中だったので、ニュースやテレビ番組で、タイの赤シャツ隊VS黄色シャツ隊の話題を毎日のように目にした。「池上彰のわかるニュース」でもタイの暴動が取り上げられていたが、赤シャツは農村部の貧困支援をしていた元首相タクシンの支持派、黄色シャツはそれに不満を持つ都市部のエリート層が支持、というような説明だった。そして、この番組だけではなく、日本の多くの報道はどちらかといえば赤シャツに好意的で、黄色シャツに批判的だった。

しかし、実際には、ことはそんなに単純ではない。赤シャツ派デモ隊は確かに農村の人々が主だったが、政治に関心を示さない村内の若者たちまで、仕事がないとバンコクの暴動に参加していた。彼らは500～1000バーツ（約1500～3000円）ほどの日当がもらえ、食事や日用品も支給されるとのことだった。農村での農作業の日雇いの日当は、地域にもよるが、200～300バーツ。デモに参すれば、丸1日田植えか稲刈りまたはサトウキビ収穫などの作業をして得る額の倍近くを毎日もらえるのだから、農閑期はよいバイトになると考える農民も多かっただろう。また、身分証明書を回収されたため、デモから抜けることができなかったという話も聞いた。ほとんど強制的に参加させられた人々もいたということだ。

村の人はほとんど赤シャツを応援すると言っているが、NGOで活動する人たちには黄色シャツ派が多い。といっても現政権

(この当時は反タクシン派) を支持というわけではなく、私利私欲に走り、農村開発の本来の目的である「自立」と逆行したタクシンのやり方に反対だという意味で、である。

夫も反タクシン派だが、村内では絶対そんなことは口にしない。親戚と話す時も、叔父さんたちがタクシン支持を熱く語るのを聞き流しながら相槌を打つだけだ。服を選ぶ時も赤と黄色はひとまず避ける。

確かに、タクシンは農村の支援・発展に目を向け、行動を起こしたという点で、今までの首相とは違うと評価する声もあるが、それは明らかに農民票を獲得するためだった。政策といってもお金を単純に配るだけで、地域内でうまく運用して地域の発展に繋げるという発想はない。それでも、お金をくれる人に悪い印象を持つわけがない。村の人は、バイクを買った、牛を買ったと喜んでいる。

しかし今回のバンコクの暴動については、叔父さんたちもやりすぎだと感じているらしく、「もううんざりだ」と言っていた。村人たちは赤シャツ派だとはいっても、暴動に関しては、「もっとやれ！」という派もいれば、叔父さんのように「いい加減にしてほしい。もう暴動はたくさんだ」と言う人もいる。

このような現実をよく知らないまま、日本の政治あるいは西欧の政治の尺度をそのままタイの混乱に当てはめて、安易に判断するのは危険だ。日本の報道を見ていてそう強く思った。

タイ人は本気になるとすごい

本当にタイはデモが多い。私もNGO職員だった頃に何度か参加したことがあるが、それらはけっしてお金に釣られたデモではなかった。

特に2006年1月にチェンマイで参加したデモはすごかった。それはタイ政府とアメリカ政府の間のFTA (自由貿易協定) 交渉

◀FTA反対デモ(チェンマイ)

の即時中止を訴えるものだった。「FTAが締結されれば人々の生命と生活に深刻な悪影響を及ぼす恐れがある」と、タイ全国のNGOや農民連合、消費者連合、学生連合、スラム住民連合、HIV感染者グループなど11のネットワークから約1万人の人々が集まった。

日中は1万人がチェンマイ市内を行進。水も食事も配給され、交通整理チームも組まれていた。看護チームも常に待機していた。夜はホテル前の路上にステージが設けられ、「闘志の歌」で盛り上がる。簡易トイレも設置され、HIV感染者への薬の時間のお知らせが伝えられる。薬を忘れた人への支給も手配されていた。そして、交渉会議が行なわれているシェラトン・ホテルのまわりに野宿。いつもダラダラとしているように見えるタイ人だが、このような時の行動力、結束力、組織力には脱帽する。

最前線にトンローお父さんがいた！

デモの先頭であるホテル入口前には、黒いスカーフをした最前線チームがいた。構成するのは住民・農民運動の中心となってきた村人たちで、怪我や逮捕も覚悟の100人だった。

そこへ行ってみると、JVCのタイで学ぶ研修生のホームステイ先だった農家のお父さんがいるではないか！

「トンローお父さん！　なんで最前線チームに?!」

確かに、このお父さんはタイで自然農業運動が普及し始めた本当の初期から自然農業を実践している地道で努力家の農民だ。彼が最前線チームにいてもおかしくはない。

「でも、危ないって！」

FTA反対デモ（チェンマイ）

ところがお父さんは「いや〜カオルじゃないか。久しぶり！ ミキ（ホームステイしていた研修生）はどうしてる？」と昔話を始める始末。よく見てみると、最前線チームとホテル入口前の警備員たちは楽しそうにおしゃべりしている。警備員も一般タイ人、今回のFTAが締結されれば、少なからず影響を受ける可能性のある人たちだ。でもたぶん、警備員たちはこの交渉の内容は知らないだろう。

もちろんデモ隊の中にも、交渉の詳しい内容も把握せずにまわりの仲間に誘われ参加した人々もいただろう。が、少なくとも、バイト代は出ていなかったし、強制でもなかった。そして、この時のFTA交渉は締結に至らなかった。私はデモが実際にこのような結果をもたらしたことに感動した。

政府に対して正式な要求書を出したことも影響しただろうが、これだけの人数が集まらなかったら政府は動かなかったかもしれない。たとえ詳細を把握していない人々が参加していたとしても、自分たちの生活に影響する深刻なことだということは理解していたはずだ。

危険で迷惑な暴動が頻発する国という印象が広まってしまったタイだが、市民が自分たちや仲間たちの権利のために本気で立ち上がるデモもあるのだということを日本の人にも知ってほしい。

15 なぜか安心する

うっとうしいこともあるけど

タイ人は、本当に家族、親戚、地域内の人との繫がりが強い。結婚しても親との同居はもちろんのこと、親戚が一緒に住むこともよくある。遠い親戚でもすべて含めて一族扱いなのだ。

隣の敷地に住む義理の祖父母は、長男の娘を生まれた時から育てている。長男夫婦は離婚してどちらも娘と一緒に住んでいない。祖父母と同居する叔父さん夫婦は、遠い親戚の娘（現在、幼稚園児）を生後2ヵ月から育てている。この子の両親は、出稼ぎに行ったまま帰ってこない。

私もタイの農村を知り始めたころは、家族、親戚、村内で助け合う関係に感動したものだ。でも、実際に嫁の立場となって暮らしてみると、面倒なこともついてくるのが人間関係。モノやお金の貸し借り、うっとうしい噂話などは、無償の助け合いとセットなので、望んでも単品注文はできないのである。

モノの貸し借りについては、タイに住むならまず慣れなければならない感覚かもしれない。タイ人、特に田舎のタイ人は、「借りた」という意識も薄く、「借りたら返す」という感覚があまりない。勝手に持っていく、貸したものが返ってこない、ということもしばしば。悪気はなくて、ただ単に気にしていないから忘れてしまうだけ。

最初はこれにかなりイライラし、絶対になくしたくないものは最初から貸さない（隠しておく）という少々意地悪な解決策で対応していた。でもある時、タイ人にとって「借りる」と「返す」は、「開く／閉じる」のような反意語ではなく、全く別のことなのかも、

▶池でとれた大量の魚。
みなさんにおすそわけ

と思ったら、妙に納得したのだ。そうなんだ、まったく別のことなんだ。そう思うと少しその感覚が受け入れられた（少しですけど）。

「自分のもの」と「人のもの」を区別しない。見方によってはそれは仏教的な考えで、むしろ日本人が見習うべきなのかもしれないと思ったりもする。自分のものを持っていかれても、やっぱり誰も怒らないのだ。

「ご飯食べた？ 一緒に食べよう！」

噂話のうっとうしさはタイの田舎に限ったことではないが、人の家で起きたこと、ちょっとしたことが、次の日には村中に知れ渡っていることもある。ほとんどの時間を村の中で過ごし、同じ人と会い、新しい情報はテレビとラジオのみ、という生活をしていると、人の噂話は日常にちょっとした刺激を与えるささやかな楽しみとなるのかもしれない。日本の田舎では、そんな密な関係が、都会に出ていく理由の1つになっていたりもする。

私は村で（この県で？）ただ1人の日本人の嫁なので、それなりに噂話のネタにはなっていると思うけれど、そこまで私の耳には入ってこない。何を言われていても、耳に入ってこなければ気にならないのねと、そこは日本人で良かったと思うところ。

家に勝手に人が入ってきたり、勝手にあるものを使ったり食べたり飲んだり…。それも目くじら立てて怒ることではないのだ。

田んぼが隣同士なのでいつもうちに寄る親戚の叔父さんが、うちのコーヒーを毎回勝手に飲んでいく。それも1杯のコーヒーに大匙3杯の砂糖を入れるので（カップの半分がコーヒー、クリーム、砂糖で埋まる)、うちの砂糖の消費量が大変なことに！買っても買っても、なくなる砂糖に私はイライラして、叔父さんが来る度にストレスがたまっていった。自分の機嫌が悪い時に叔父さんが来るのが見えると、即座に砂糖を隠すこともあった(意地悪な解決策例)。

でも、手が足りない時に作業を手伝ってくれることもある叔父さん。たかが1キロ25バーツ(70円)の砂糖にケチケチしている自分を考えると、なんて私は心が狭いんだろうと自己嫌悪になる。せめて自分の機嫌がいい時には、叔父さんが来たら私がコーヒーを入れてあげることにしよう。砂糖は叔父さんが自分で入れるよりもちょっと少なめで。

「食べ物を分ける」というのは、タイ人気質の基本中の基本なのだ。「サワディカー」というのはタイ語で「おはよう」「こんにちは」などの挨拶だと訳されるが、実際、日常的に顔を合わせる人に「サワディカー」というタイ人はまずいない。学校やかしこまった間柄、久しぶりに会った人の場合くらいだろうか。普段は「ご飯食べた～？」「どこ行くの～？」というのが定番の挨拶だ。

農村では、食事する場所は、家の前のスペースであったり、室内でもドアは開けっぱなしのことが多いので、ご飯を食べていると家の前を人が通った時にすぐに顔を合わせることになる。その時に必ず言わなければならないのがこのセリフ。

「ご飯食べた？　一緒に食べよう！」。これを言わないと、「おはようございます」と挨拶しないくらい失礼なことになる。たとえほとんど食べ終わってしまっていてもこの声掛けは必須。

その時本当にお呼ばれしてもいいのだけれど、通常それに返す言葉は「いいよ、いいよ。もう食べたよ。みなさんでどうぞ」。

誘われたらいかなければ失礼かと思い、毎回人の食事におじゃましてしまうというのは、タイ農村に入った当初の私だけでなく、初心者外国人にありがちなことだ。もちろん歓迎してくれるけれど。

▶家の前の休憩小屋。おしゃべりしたりご飯を食べたり。

とにかくタイ人は、たとえ自分の分が足りなくても、おしまず食べ物を分けてくれる。

私がJVCのタイ駐在員だったころに一緒に働いていた松尾康範さんの『イサーンの百姓たち』（めこん、2000年）という本の中に、まさにこれがタイ人精神なのね、と思うエピソードがある。イサーンに住むおじいちゃんが言っていたこと。

「いま収獲したばかりのたくさんの魚を長く保存するにはどうしたらいいと思う？」

塩漬けにするのか、干物にするのか、発酵させるのか？と思うでしょう。

「それは、たくさん収獲できた魚を自分1人で食べてしまうのではなく、まわりの人たちにおすそ分けすることだよ。自分が魚を捕れなかったときは、今度はまわりの人たちがわけてくれるだろう…」

これがまさしくイサーン人の心。でも本当に「今度はまわりの人たちが分けてくれる」のか？　そう不安になるのが今の日本社会。だから自分のものは将来の分まで自分で貯蓄・保管したくなる。

もうすぐ3歳になる息子がお菓子を独り占めしているのを見て、私が「このケチな性格、どこから来たのかなぁ」と言うと、「半分は日本人の血が流れてるからね～」と夫が笑う。私は笑えない。タイ人の中で暮らしていると、自分はケチだなぁと思うことがしばしばあるのは事実。貯金がほとんどなくても、今あればお金を貸すタイ人（そして簡単に借りる）。計画性がないとか、お金にルーズと言ってしまえばそれまでだけど、将来の自分よりも、今の他人を思う気持ちがあるのも確かなのだ。

たとえ私と夫が死んでも

いいことも、いやなことも、どちらもあるのが人間関係。いやな部分を我慢できずに、ひとりがいいと、人と関わることをできる限り避け、ネットを駆使して生活に必要なことをこなす人が少なからずいる日本。実際の人間関係を避け、SNSなどネット上の人間関係の方が楽でいいと感じる人が増えつつある社会。

リズムが合わない人、苦手な人、波長が合わない人がいてもいい。それがその人のスタイルとしてそのまま受け入れ、自分とのちょうどいい距離感を見つけだし、たとえ普段は一緒に過ごさなくても、何かあったら助け合う。好き嫌いを問わずに。それが地域の人間関係なのではないか。地域が1つの家族のように。

イサーンの農村生活。普段は文句も言います。愚痴も言います。でも、たとえ私と夫が死んで、子供たちが孤児になっても…きっと親戚の誰かが育ててくれる。けっして経済的に裕福ではなくても引き取ってくれる人がいる。施設や親戚の家をたらい回しということにはならないだろう。そんな安心感が心のどこかにある。そんな心の広さがあるのがイサーンの人たちなのだ。

村の子育て

16 産後は薬草サウナが待っている

イサーンはやっぱり伝統治療

イサーン人もずいぶんと前から西洋医学に頼るようになっている。ちょっとでも風邪を引いたり熱があったりすると、市販の薬を飲んだり病院に行く人が増えている。一方で、やはりイサーンだなぁと思うのは、伝統的な治療法を本気で実行している場面に出会う時である。

バイクで事故にあって全身打ち身の人が薬草で蒸されていたり、かなり重症と思われる病人の頭に長老が唾を吹きかけていたり…。病院に行かず、このような処置だけの場合もよくあるのだ。私自身で言えば、病気やケガの治療ではないが、出産直後のあの体験だろう。

私の初産はムクダハン市内の私立病院だった。出産後2泊3日で家に戻ると、夫と叔父さんが家の横に木で囲いを作り始めた。囲いの中には竹でできたベッドサイズの台が置かれ、その上にはいろいろな葉っぱが敷き詰められ、ゴザでカバーされている。ベッドの下には炭を入れた七輪が設置された。

もしかして、薬草サウナを準備してくれているの?! 家で薬草サウナをしてもらえるなんて、ステキ！ イサーンで出産して良かった〜！なんて本気で感激していると、「このゴザの上で、3日3晩寝るん

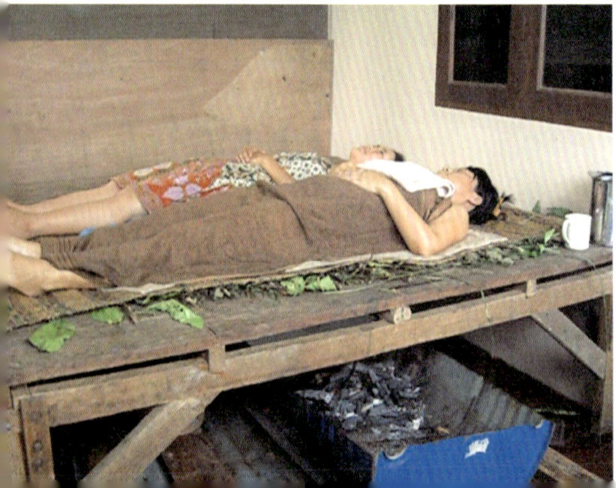

◀薬草サウナ（炭火で蒸す）（右が私。左は一緒にやりたいと言って入ってきた研修生）

▸ゴザの下に敷いている薬草

だよ」。「え？　３日間？　夜もここで寝るの？　ご飯は？　赤ちゃんの世話は？」と困惑すると、「ここで寝て、ここで食べて。授乳の時は赤ちゃんを連れてきてあげるから」と、当たり前のような顔をして言う夫と親戚一同。赤ん坊の世話は、義理祖母がしてくれるらしい。

絶句しつつも言われるがままに寝て、それでも始めの数時間は「気持ちがいい〜〜〜」と快適だった。…が、密閉されていないといってもサウナなのだからやはり熱い。長時間蒸されているので身体がだるくなってくる。夜中じゅう、炭の火を絶やさないように夫が七輪の番をしているのだが、居眠りして火が消えていたりする。今度は寒くなり、「ちょっと！　火が消えてるよっ！」と起こすと、慌てて炭に火をつけ直す。この途中途中に授乳で起き上がるのが、またものすごく体力を消耗する。

夜明けの頃にはぐったりだった。この疲労感…本当にこれ、身体にいいの？と疑問を抱きつつ、蒸され続け、２日目の晩が終わった時、私は「もう無理、もうだめ」とギブアップを申し入れた。

夫は「１週間蒸されている人だっているのに」と不満そうな顔をしたが、ギブアップを許可してくれた。陣痛や分娩の痛みをすっかり忘れるほどの、拷問のような２日間だった。

産後に水は厳禁

出産後の薬草サウ

▸鍋の中で薬草を煮る（出産の傷口を癒すために、この薬草湯で洗う）

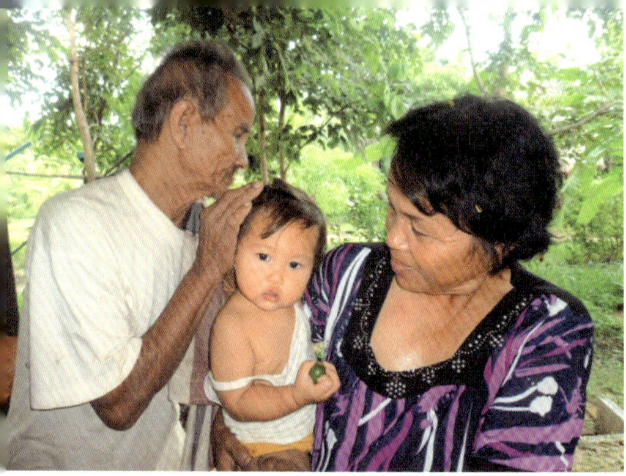

◀熱がある娘のおでこに息を吹きかけるおじいちゃん。これで熱が下がるはず。

ナは、北タイや南タイではやらないそうで、どうやらイサーンだけの習慣らしい。サウナに使う薬草の種類ももちろん決まっている。何がどう効くのかは、誰に聞いても答えが返ってこないが。確かに出産後は「冷やさない方がいい」というのは多くの国で言われていることだ。

中国では、出産後1ヵ月は水に触ってはいけないらしく、真夏でもシャワーはもちろん、洗顔も歯磨きさせてもらえなかったと、中国人と結婚した友達が言っていた。

インドやマレーシアでも水に触ってはいけないのは同様らしい。その上、産後1ヵ月間は、野菜と果物を食べるのは禁止だとか！熱帯で育つ野菜や果物の多くは陰性で、身体を冷やすものが多いからだろうか。

イサーンの村では湯沸し器がない家がほとんどなので、20～25度くらいに気温が下がる季節でも水を浴びる。うちもいつも水浴びだけれど、出産後だけはお湯を沸かして身体を洗いなさいと言われた。義理祖母は、ここにおしりをつけて傷口を癒しなさいと、様々な薬草を煮出したお湯をタライに入れて用意してくれた。タイでは赤ん坊でさえ水浴びさせられるのに、産後の女性にだけはお湯を使わせてもらえるほど、「冷え」を避ける。これだけアジアの様々な国で、「産後に水は厳禁！」とされているのだから、「出産後の身体と水（冷え）」には重要な関係があるのだろう。

村では、ほかにも、「風邪の時は、ドリアンや竜眼（どちらもタイの果物）を食べちゃいけない。身体に熱を持たせるから。咳が止まらなくなるから」とか「皮膚の荒れにはウコンをすって塗り付けなさい」とか、食べ物や薬草に関するアドバイスが多い。子

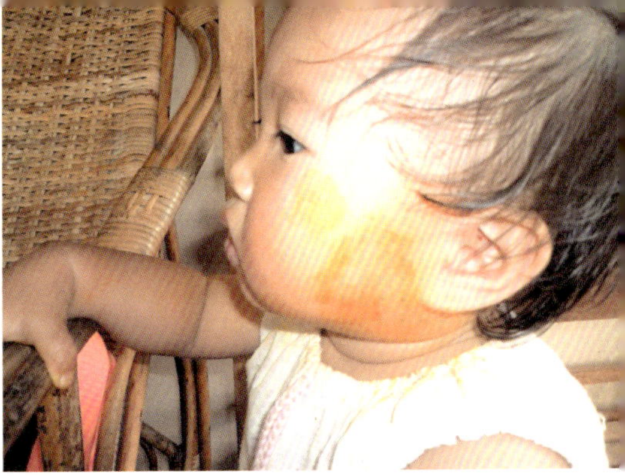

▶肌荒れに、すりおろした生うこんをつける

供でさえ、ちょっと指を切ったりすると、「こうすると傷が治るんだよ」と、どこからか葉っぱを取ってきて指に巻きつけていたりする。慌てて消毒してバンドエイドを貼るお母さんなんてまずいない。この間来た南アフリカの人たちも「これらの植物は私たちが住む地域にもあるけど、そんな効果があるなんて知らなかった。イサーンの農家の人たちはまわりの植物についてよく知っているわねぇ！」と感心していた。

イサーンの伝統医療は理にかなっている

私は父親の方針（？）により、子供の頃から基本的に薬は飲まないし、よっぽどのことがなければ病院には行かなかったので、「たいていの症状はほっておけば治る」という感覚が身についていたこともあるが、イサーンの村で暮らし、自然農業に携わるようになってから、ますますその傾向が強くなった。

以前から、食生活や環境による身体への影響や自己治癒力、宇宙の動きと身体の関係など、東洋医学には興味を持っていた。中国の漢方・気功治療の先生のところで手伝いをしたり、アユルベーダ（インドの伝統医療）や日本の快医学の講座を受けてみたりと、様々な伝統療法・民間療法をかじって勉強したことがある。

その辺の知識と、東洋医学の治療師を目指す友達から聞いた知識を併せて考えてみると、イサーンの伝統的な治療法は理にかなっていると思うことが多い。

東洋医学というと何だか難しいことのように聞こえるが、そもそもは、身体の仕組みや食べ物や環境の身体への影響を理解し、薬草など自然界のものの効果を活用することから来ている。イサーンの伝統療法はまさにそれだ。

ただ、東洋医学的治療法は今出ている症状を抑えるだけでなく、その原因から治すという考えなので、即効性がないことが多い。ゆっくり寝て治す時間がない忙しい人が増えている世の中では、薬には即効性が必要で、別の部分で身体に負担をかけても、その時の症状はすぐに治したいという人の方が多い。だから忙しい国では伝統療法や民間療法が日常的な処置からどんどんなくなっていくのだろう。西洋医学でどうにも治らない時に、逆に頼ることになるケースはあるにしても…。

タイでは、国民なら公立の病院にかかるのに何でも1回につき30バーツ（約90円）という制度がある。それでも風邪やちょっとした怪我の度に行っていては現金が出ていくことに変わりはない。ある程度の病気や怪我の治療のために伝統療法を実践しつつ、深刻な場合には専門家の助けを利用するのがいいのかもしれない。そうすることによって、薬草の存在も守られていく。

せっかくイサーンで暮らすこととなったのだから、どんどん伝統的治療を体験・活用したいと思うのだ。とはいっても…身体には効果的な処置だとわかっていても…また出産することになったら、あのすさまじい痛さの陣痛よりも分娩よりも、薬草サウナが憂鬱で仕方がない。

17 村の子供たちはすごい

まるでベテラン母さん

週末になると親戚の女の子２人が毎週のように遊びに来る。小学５年生と４年生のミーちゃんとムーちゃんだ。朝食後から来て（時には朝６時半くらいから来る）、うちでずっと過ごし夕食を一緒に食べてから家に帰る。連休や長期休みは毎日のようにうちに遊びに来て、２人で泊まっていくこともしょっちゅう。1歳の息子の相手をしてくれるのでこちらもとても助かる。その上、掃除も手伝ってくれる（それもかなり上手に！）。

子守りと掃除を手伝ってもらう代わりに、クッキー、ケーキ、プリンと様々なお菓子を一緒に作る。日本式の掃除のやり方も楽しんでやってくれるが、私と３人で騒ぎながらする料理やお菓子作りが何よりも楽しいようだ。

イサーンの子供たちは誰でも小さい子の世話がうまい。常にまわりの小さい子と接しているからだ。この２人も、ミルクを作るのも、おむつを取り替えるのも、泣いているのをあやすのも、とても上手だ。時には寝かしつけもしてくれる。赤ちゃんの抱き方だって、ちょっと腰に抱える抱き方など、まるでベテラン母さんのようだ。

一昔前まで、イサーンの子供たちは小さい頃から大人の手伝いをしていたので、田植え、稲刈りをはじめ、様々なことが

▶ミーちゃんムーちゃん

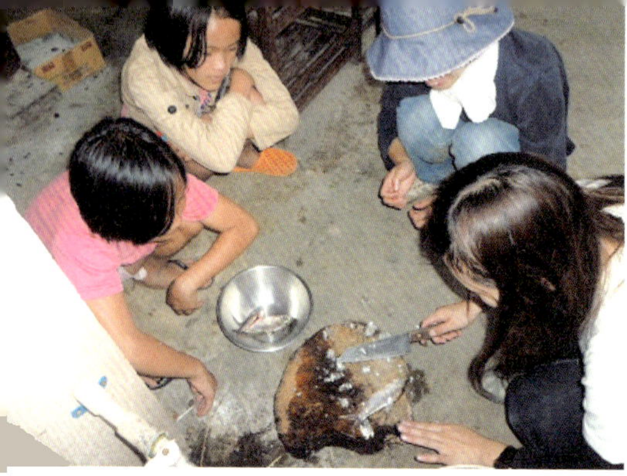

◀魚のさばき方を教える
ミーちゃんムーちゃん

できた。最近は、何でも子供の言うことを聞いてやり甘やかして育てる親が多いので、そのように扱われている子供を「ルーク・テワダー（神様の子）」と皮肉って呼んだりする。特に都会では「子供には手伝いなどは何もさせずに大事に育てる」という親が本当に増えている。とはいってもまだまだイサーンでは、子供の能力に驚き感心することが多い。

幼稚園児に剥きかたを教わる

先日、日本人６人のツアーがうちの農園に５日間滞在して、農作業やイサーンの食事作りを体験したのだが、魚をさばいた経験がある人がいなくて、ミーちゃんムーちゃんがさばき方を教えていた。まず包丁を研ぐと、うろこをとって、お腹を切って、内臓を出して…。とても手際がいい。

イサーンでは、小学校中学年にもなれば、子供だって魚くらいさばける。包丁を使い始めるのはもっと小さい時から。幼稚園生だって、上手に果物を切ったりするのだ。日本だったらこんな小さい子に包丁をもたせて魚をさばかせることはありえない。

まだタイに来て間もない頃。私はタイの定番料理、パパイヤ・サラダを作るためにパパイヤの千切りを作っていた。日本のように、まな板の上で薄く切ってから千切りに切るのではなく、皮を剥いたまだ丸い形のパパイヤに包丁で細い線をたくさん入れて、それをそぎ落とすという方法だ。慣れていないとこれが結構難しい。私が不器用にやっていると、幼稚園児に「ヘタだね。こうやるんだよ」と言われた。「日本人だから、こういうやり方やったこ

▶慣れた抱き方

とないの！」と言い訳しながら、私はその子がやってくれるのを見ていた。もちろん大人のようにうまくはできないけれど、手つきは様になっている。どんな道具も小さい頃から使わせると上達するんだなぁと感心した。

インターン（研修生）としてタイに来た1年目、少しは役に立てるだろうという自信がみるみるうちに崩れて、自分の無力さを思い知らされたことがよくあった。「○○の葉っぱを採ってきて！」と言われても、その葉がどれなのかわからず、ちょっとした道具も使いこなせず、専用の道具がない時、他のもので代用する瞬時の知恵は村人には全くかなわず…子供以下の能力の自分に情けなさでいっぱいになった。他のインターンも口をそろえて同じことを言っていた。知識は後から増やせても、手のワザや、知恵というのは、大人になってからではなかなか発達させられるものではないものだな、と痛感するばかりであった。でも、この「タイの農民、すごいっ！」という気持ちがなかったら、とても傲慢なNGOスタッフになっていたかもと、今では貴重な体験だと思う。

子供は生き方を選べない

さて、この元気なミーちゃん、ムーちゃんの家の事情は結構複雑だ。ひとりっ子ミーちゃんの両親は離婚していて、普段は祖父母と叔父さん一家と一緒に住んでいる。洗濯機はない家なので、自分の洗濯物はいつも自分で手洗いしている。お母さんは近くに住んでいるけれど、事情があって時々しか会うことができない。両親の出稼ぎなどの理由で、祖父母が孫を預かるケースはイサー

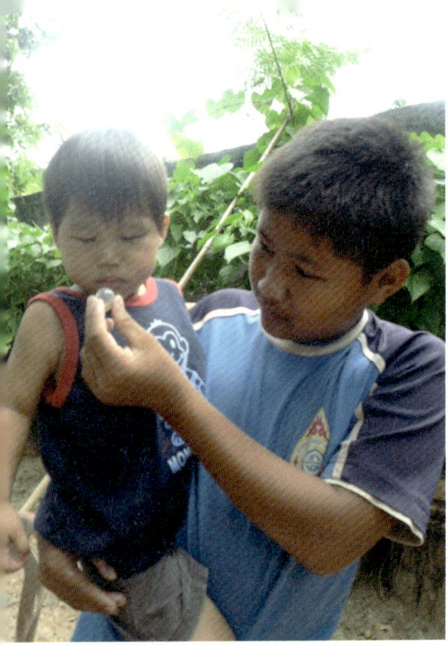

◀子守り上手な子供たち

ンでは珍しくない。

一方、ムーちゃんは、祖父母、両親、弟と一緒に住んでいる大家族。でもこの家の家計はかなり厳しい。タイの義務教育は中学３年までなのだが、この間ムーちゃんが「おじいちゃんもお父さんも、小学校６年まで出れば十分だから、卒業したら働けって」と悲しそうに言っていた。どこまで本気で言ったのかはわからないが、ムーちゃんの家の経済状況を考えるとそれもありえる話だ。中学校へ行くには送り迎えのガソリン代、またはスクールバスの費用もかかるからとの理由もあるのだろう。

イサーンでは、今の30代でも家庭の事情で小学校６年までしか出ていない人は多い。その人たちが親になって、自分の子供もそれで十分と考える人がいるのもまだいる時代なのだ。私はムーちゃんに「でも、中３までは卒業しないといけない決まりになってるから」とは言ったけれど、だからといって、中学に行かせなくても保護者が罪に問われるようなことにはならないんだろうなと心の中で思っていた。

田舎の学校のレベルはどうなのかという話は置いておくにしても、今の時代、小学校卒では生きていくのは楽ではないだろう。高い教育は受けても、手にワザも知恵も生きる力もない子の人生と、子供の頃から生活に必要なことは何でもできるけれど学校で教育を受ける機会がない子の人生。どちらがいいとは言えないし、選べない。

この村の中学・高校は、うちの農園から300メートル先にある。ムーちゃんが中学生になったら、うちに住んでここから学校へ通えば、ひとまずスクールバス費用の心配はなくなるなとぼんやりと考えた。

18 そりゃあ免疫力がつくよ！

義母さんが見てくれる時は黙っている

イサーンでの子育ては、日本よりずっと楽だ。私は１人目の子供はイサーンで、２人目は日本で出産したけれど、妊娠時から出産、その後の子育て、どこをとっても気楽さが違う。

特別に神経質な人でなくても、赤ちゃんを世話するとなると、衛生面や食べ物に対して一気に慎重になるもの。私もかなりタイ人感覚になっていたとはいえ、育児はそれなりに情報を集め、気を使っていた。が、イサーンで日本基準の子育てができるわけがなかったのだ。

隣の敷地には義理の祖父母と、叔母家族が住み、２人目が生まれてからは義母が同居してくれることになったので、子育てにはたくさんの人が関わってくれる。イサーン式の子育てにはさすがの私も今更ながら驚くことがあるが、お義母さんが見ていてくれる時には任せることにしている。

土の上をハイハイさせようが、真っ黒な手でもち米をつかませようが…目を丸くしながらも黙って見ているうちに、私もすっかり慣れてしまった。実際、うちの子供たち、それで病気になったこともないし、他の子のそんな話も聞いたことはない。これが免疫というものか。それなら強いに越したことはない。

長男は常に裸足で

▶裸足で釘うち

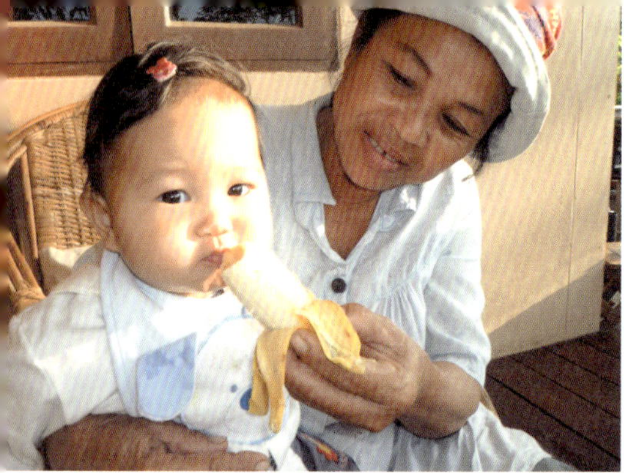

◀バナナ直食い

外遊びをしているため、足はいつも傷だらけで、足の裏は固くなっている。日本の２歳児の足にはとても見えないゴツゴツの足だが、頑丈ならこのほうがいい。

赤ちゃんに丸ごとバナナ

離乳食に対する考え方も、日本とイサーンではだいぶ違う。タイでは離乳食の代表格はバナナだが、日本だったら「ペースト状にして食べさせましょう」という月齢の娘に、お義母さんは皮をむいたバナナをそのまま口に突っ込んでいた！　そして、「あら、もう半分も食べちゃったわ～」。

お米も、日本では五倍粥（ご飯に対し５倍の水で作ったお粥）を食べさせる時期に、もち米を自分で握らせ食べさせていた。もち米は普通に炊いたご飯より、さらに固め!!　喉にひっかからないかと心配したが、結構大丈夫なもので、９ヵ月の今では小さな手で上手に握って口に入れるようになった。

そもそも赤ん坊の月齢ごとに、離乳食初期、中期、後期と分けて、栄養バランス、食べ物の柔らかさ、切り方、味付けなどを細かく注意して食べさせるのは日本だけなのではないか。

イサーンではそんな面倒なことはしないけれど、赤ちゃんにいい食べ物は誰もが知っている。葉物野菜だと「赤ん坊にはタムルンの葉」は常識。タムルンとは、ヤサイカラスウリのこと。カロテンとビタミンＣが豊富で、目にいい野菜と言われている。

定番のバナナも、どんなバナナでもいいわけではない。うちには何種類ものバナナの品種が植えてある。離乳食初期に、私が

「バナナを食べさせてみよう〜♪」と取りに行こうとしたら、夫が「ナームワーかクルウェイホーム（どちらもバナナの品種名）か、どっちをあげる気だっ‼」とものスゴイ勢いで叫んだことがあった（普段穏やかな夫が！）。

赤ちゃんに与えるバナナの品種が決まってるの？　と思ったけれど、タイでは赤ちゃんには「ナムワー「という品種を与えるというのは常識らしい。「クルウェイホーム」は甘すぎだとか。ためしに叔母さんに「赤ちゃんにはどのバナナをあげるの？」と聞いてみると、「そりゃあナームワーでしょう」と当たり前のように答えた。やっぱりそうなのね。旬に関係なく栄養バランスに合わせた物を何種類も食べさせるより、種類は少なくても、地元でとれる旬のものを食べさせる。それがイサーンの伝統的離乳食なのだ。

1歳の息子にネズミの炭火焼き！

日本では産科で先生が事細かく説明してくれるし、自分で本やネットから情報を得ることができるため、時代と共に変化する子育て論で、母親と祖父母の世代がぶつかることも多い。たとえば、大人の唾液に含まれる虫歯菌がうつるから、大人が使ったスプーンで赤ちゃんに食べさせない‼というのは今となっては日本のママの間では常識。赤ちゃんの口のまわりにキスしてもダメ、というくらい。硬いものを大人が噛んで柔らかくして赤ちゃんに与えるのは一昔前は普通のことだったが、今の時代ではありえないのだ。

このような育児論の違いが、嫁姑問題を深刻にしたりする。義理実家に預けるくらいなら、大変で

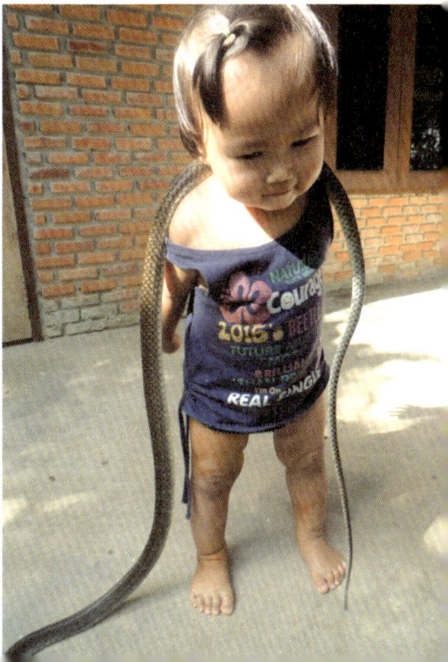

▶死んだ蛇を首にまく娘

◀みんなで昼寝

も自分だけで子育てしたい、と考えるママたちも多い。

一方、誰もが子育てに参加し手伝ってくれるのが当たり前のイサーンの子育て。あらゆる年代が子育てに関わるので、やり方・方針も様々だ。しかしイサーンでは、まわりの先輩母さんたちから聞いて学ぶので、子育て論にそれほど差が出ることはないのかもしれない。

様々な人に囲まれて育っていく子供たちは、自然に人との距離間も学んでいく。日本では、どれだけ感情的にならずに子育てできるかがママたちの永遠の課題になっているが、イサーンのようにまわりにいくらでも見てくれる人がいると、イライラすることもない。怪我、病気をしないように、虫歯にならないように、と最新の注意を払う丁寧な日本の子育てもいいけれど、泥沼に首まで浸かったり、土砂降りの中でも遊ばせるイサーンの子育てもかなり楽しい。たくましく育っていくのがよくわかる。

言いたいことをぐっとこらえても、世代を超えた少々大胆な子育ての利点を実感することも多い。心配事といえば、日本に一時帰国した時のまわりのママたちの反応くらいか。

ある時、義祖母と叔母さんが田んぼで捕ってきたネズミの炭火焼きを、1歳になったうちの息子に食べさせていた。田んぼのネズミだから新鮮な米を食べて育っている健康的なネズミ…にしても‼　一緒にいた夫も全く気にしていない様子。ネットで「離乳食　完了期　ネズミ」と検索したが、もちろん出てくるわけがなかった。はい、もう何を食べさせても気にしません。イサーンの子として育つには、最上級の免疫力が必要なのです！

19 イサーンには孤老はいない

老後のための貯金なんて必要ない

日本では、老後の貯えとして必要な額は何千万円とか億単位だとか聞くことがある。高齢者施設に入らないにしても、老後のための貯蓄額は切実な問題だ。これは自分の子供に面倒を見てもらわないことを前提とした場合の話。息子・娘が結婚したら別世帯という欧米的な考えは、日本でも珍しくなくなってきた。お互い気を使いたくないという人間関係的な理由もあれば、経済的理由もあるだろう。でも1人暮らしのお年寄りの孤独死のニュースなどを聞くと、誰かと一緒に住めるのはいろいろな意味でお互いに安心だとも感じる。

イサーンの農家では、子供が親の面倒を見るのが当たり前。たとえ子供がいなくても、年老いたら親戚が必ず一緒に住むので一人暮らしのお年寄りというのはまずいない。だから老後のために貯金しておく必要もないのだ。

資産である土地を子供たちに譲り渡し、その後は子供たちと一緒に暮らす。伝統的には一番下の娘が同居することが多いが、今の時代は様々だ。嫁姑問題ももちろんあるが、やっぱり「親と同居する」という考えは定着している。

以前バンコクで日本の福祉大学の先生の調査に通訳として同行したことがあった。タイの福祉事情や日本の福祉事情を知る中で思ったのは、高齢者や障害者など生活にサポートが必要な人を家族・親戚、地域内の人が支えることが「当たり前」にならなくなった時に、福祉を制度として充実させることが必要になってくるのだということだ。当たり前のこととしてまわりの人を頼りにで

◀おじいちゃん

きなくなると、政府や行政、地域がシステムを作って守らなければ、その人たちの生活を保障することができなくなる。自然に発生するセーフティネットから、制度としてのセーフティネットに変わるのだ。

タイの国や行政の高齢者支援はどうなっているのか。今年(2012年)始まった新しい制度では、60歳代は600バーツ／月、70歳代は700バーツ／月、80歳代は800バーツ／月と、年齢に準じて補助金が支給される。ちなみに農業日雇いの1日の賃金は200～300バーツである。地区によっては民生委員のようなものが高齢者のサポートをしているが、ほとんどは地域の近所の付き合いがお互いを支えている。補助金はけっして多いとは言えない額だけれど、お年寄りの活躍ぶりを見ると、一家にはむしろ欠かせない存在なのだ。

お祖父ちゃんの役割

農村生活において高齢者の役割は重要だ。出稼ぎに出た両親の代わりに祖父母が孫の面倒を見るのはよくある話。遠くに出稼ぎに行った両親は、年に数回しか帰ってこなかったりする。おばあちゃんが生後間もない赤ん坊の世話をしているのもよくあるイサーンの風景だ。

うちの隣の敷地には夫の叔母夫婦とその長男家族と、夫の祖父母（叔母の両親）が住んでいる。祖父母は70歳代だが、未就学児が3人もいるこの家では2人とも毎日忙しい。叔父さんが農作業に出かけ、叔母さんが子守りをしている間にお祖母ちゃんは家事と家庭菜園の世話。みんなフルタイムだ。

▶おばあちゃん

そして、全く忙しそうには見えないけれど最も重要な役割を担っているのが家長であるお祖父ちゃん。結婚式の日取り決定や村内の行事出席など長老としての役割だけではなく、家では毎日牛の世話と子守りに大活躍。お祖父ちゃんが世話すると牛の育ちがとてもいい。常に牛を草のあるところへ移動させ、沢山エサを食べさせてくれるからだ。

子供たちはみんなお祖父ちゃんが大好き。人見知りを始めたうちの娘も、お祖父ちゃんといるとずっと機嫌がいい。心地の良いリズムの歌を常に口ずさんでいるからか、車の荷台でおしっこかけ大会をしてもおこらないからか、危ないこと以外は何でもさせてくれる放置加減がいいのか（ええ、もちろん土の上をハイハイさせまくってます）。とにかく子供たちを安心な気持ちにさせるオーラがあるのだ。

イサーンでは、赤ちゃんをハンモッグに寝かせるのが定番なのだけれど、ハンモッグを揺らし続けるとイサーンの赤ちゃんはずっと心地よく寝ている。私の場合、娘をハンモッグに寝かせても、寝たかな～と思うとすぐに揺らすのをやめて、ここぞとばかりに家事に走る。そうすると、30分もしないうちに起きてしまう。

でもお祖父ちゃんにお願いすると、ひたすら揺らしていてくれる。眠りが深～～～くなるまで、ずっと…。そこまで来ると、もう揺らさなくても2時間はぐっすり寝てくれる。

5分揺らして25分の自由時間を得られる私と、30分揺らして1時間半の自由時間を作れるお祖父ちゃん。さすがです…。

ただこのハンモッグの揺らし方が半端ではないイサーン人。遊園地にこんな乗り物あったよなというくらい、今にも1回転す

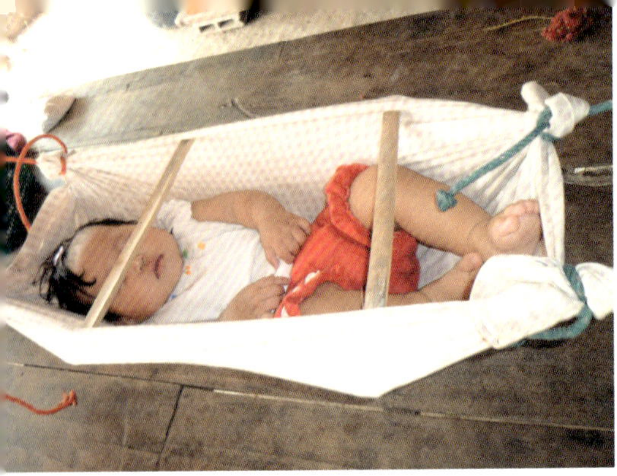

◀即席ハンモック

るんじゃないかという程の横揺れ!! 義母がうちの娘を入れてハンモッグを揺らしているのを見て、私の母が「そんなに揺らすの?!」と目を丸くしていた。

赤ちゃんの頭を揺らすのは危ないんじゃないかと心配になり、いろいろネットで調べてみると、頭自体を振るのは良くないがハンモッグのような体全体の横揺れは大丈夫らしい。心配ないとわかると、いつしか私もものすごい勢いでハンモッグを揺らすようになっていた。娘はすやすや眠りにつく。イサーンの木陰の心地よい風に吹かれながら…。

でも、大のお酒好きのお祖父ちゃん。お酒を飲ませたら限りなく、最後には泥酔状態でゴザの上で寝てしまう。それを見るお祖母ちゃんの目がめちゃくちゃ怖い。それを知りつつ隠れて飲むお祖父ちゃん。やっぱりあの家の本当の権力者はお祖母ちゃんに違いない。

あとがき

「世界、社会、人のために何かしたい」と考えるのなら、その現状に少なからず影響を与えている自分の生き方、自分の生活を見直すべきではないか。タイでの研修中（JVC 主催「タイの農村で学ぶインターンシップ・プログラム」）にそう考えるようになった。自然、環境、社会のしくみ…、それらを考えたときに、なるべく人の生活を搾取したり悪影響を与えずに、自分の生活をできる限り自分の手で作りあげる、それも１つの国際協力の形であるかもしれない、と。職員としてタイに滞在しながら、それは農をベースとした生活で実現できるのではないかと思っていたところで、タイ人向けの自然農業研修制度の研修生であった今の夫と出会った。同じ師匠から学んだので、お互いのやりたいことは理解しやすかった。だから「東北タイに土地を買って自然農業生活をしよう」という話になった時も、「じゃあ、そうしよっか」と、これから取り巻かれる面倒なことはほとんど想像せずに決めたのだった。不思議なことに、両親も友人も誰ひとりとして「よく考えたのか？」、「大丈夫か？」などと心配の声をあげる人はいなかった。

「熱い使命感と目標を持ってイサーンの農村で暮らす」というのは私のスタイルではないので、自分がいろんな意味で納得できて楽しめる暮らしをしたいといつも思っている。ここでは生活に必要なこと、生きていくのに必要なことにしっかりと時間をかけられる。それが快適だったりする。子育ては、半分は「自然」が勝手にしてくれる。まわりの人がしてくれる。自分の足元を見ながら、世界中のたくさんの人と繋がることができる。日本にいたら矛盾を感じながらも便利な環境に甘えた生活をしてしまいそうな私には、この環境に身を置くのがちょうどいいのかも、と思いながら。

そして、ここに住んでいるからできることがある。夫は農園作業が大好きなので、いろいろ試して、失敗を繰り返しながらも、様々な人が訪れてアドバイスをくれたり、共感したり、体験の場として楽しんでくれたりできる農園を築いてくれている（私も一応やってます）。初めて出会った人たちと、「自分はどんな生き方がしたいか」、そんなことを何時間も真剣に語り合えるのは、この農園に研修やスタディツアーでたくさんの人々が訪れてくれるからだ。

私が生まれ育った環境と全く違うイサーンの農村生活。それを続けていけるのは、心に掲げたミッションがあるからではなく、まわりの人のおかげとしか言いようがない。「タイの人と結婚してタイの田舎に住むよ」と言っても一言も反対せず（その時どこまで状況をイメージできていたかはわからないが）、タイ語の勉強までしてくれた両親。自分でも理不尽だとわかっていながらも、いまだに日本人感覚で文句を言ってしまう私を、ケンカしながらも適当に受け流してくれる夫。たぶんまだ置かれている状況がわかっていないけれど、農園暮らしを思う存分楽しんでくれている3歳の息子と1歳の娘。いちいち細かいことにうるさい日本人の嫁に気を遣いながら、いつも笑顔で家事も子守りも手伝ってくれる義母。困った時はいつの間にか助けてくれる隣の敷地のおじいちゃん、おばあちゃん、親戚の叔父さん叔母さんや子供たち。

それでもイサーン人にはなりきれず、ぼちぼちストレスが溜まっても年に1度日本に帰るとリフレッシュできるのは、日本で支えてくれる人たちがいるからだ。

アジアの農村暮らしの大変なことも、やりがいも、慣れてみれば快適なことも、きっと限りなく理解してくれている〈現＆元〉JVCの皆さんにはいつも励まされている。

カオデーン農園に何度も来ては、私と夫の両方の言い分で板挟みになっている（でも最終的には私の側につく）JVCタイ事業担当の宮田敬子ちゃんと、夫の親友であり、よき理解者（逃げどころ）である同じくタイ事業担当の下田寛典君、そして「タイの農村で学ぶインターンシップ・プログラム」研修生・修了生のみんなのサポートは、どんなに心強いことか。日本に戻ればいつでも集まって話を聞いてくれる昔からの友人たちも、私のホームシックを最小限に抑えてくれる。

そして、私の独り言のような話を、ネット新聞「日刊ベリタ」に掲載し、誰よりも内容を楽しんでくださった農業ジャーナリストの大野和興さん、出版するにあたってのあらゆる準備に協力してくれたJVCの広瀬哲子さん、そして、カラー写真満載で出版しよう！と決めてくださっためこんの桑原晨さんには、本当に感謝している。

私と夫の師匠であり、これまで海外・国内の国際協力の分野で活躍し、自然農業を指導・実践してきた村上真平さん（元JVCタイ代表）とノンジョク自然農業研修センターの責任者であったディサタット・ロジャナラックさん、同じくセンターで共同生活し、今もよき理解者となってくれている皆見陽子さん（元JVCタイ）とソンバットや多くの仲間たち、タイのNGO仲間や農家の皆さんや日本の仲間たちのおかげでここまで発展してきたカオデーン農園とその暮らし。どの国に住んでもどんな環境にいても、生きるのは同じ、いいこともあれば大変なこともあるのは誰でも同じ。ここで暮らすことになったのも、宇宙と月の動きで決まったことなのだと思うとすんなり受け入れられる。私の人生も、やっぱり月次第のようだ。

森本薫子（もりもと　かおる）

1971年生まれ。埼玉県出身。市場調査会社勤務を経て、JVCの「タイの農村で学ぶインターンシップ」に参加しタイ北部に約1年間滞在。
その後JVCタイ事業担当としてタイに駐在（2001〜06年）。
退職後、タイ東北部にタイ人の夫・義母・2人の子どもと暮らしながら自然農業に取り組みつつ、JVC研修生の受け入れなどを行なう（2007年〜）。

JVCブックレット
004

タイの田舎で嫁になる

野性的農村生活

初版第1刷発行 2013年5月20日

定価950円+税

著者 森本薫子(もりもと かおる)
装幀 水戸部 功
発行者 桑原 晨
発行 株式会社めこん
〒113-0033 東京都文京区本郷 3-7-1
電話 03-3815-1688 FAX 03-3815-1810
ホームページ http://www.mekong-publishing.com
組版 字打屋
印刷・製本 太平印刷社

ISBN978-4-8396-0267-3 C0330 ¥950E
0330-1303267-8347

JVC Japan International Volunteer Center
特定非営利活動法人
日本国際ボランティアセンター(JVC)
1980年にインドシナ難民の救援を機に発足。現在アジア、中東、アフリカの諸地域で活動する国際協力NGO。紛争地での人道支援、長期的な開発協力に携わるほか、外交、援助政策への提言に取り組んでいる。
〒110-8605 東京都台東区東上野5-3-4 クリエイティブOne 秋葉原ビル6F
TEL 03-3834-2388/FAX 03-3835-0519
http://www.ngo-jvc.net info@ngo-jvc.net

JVCブックレット刊行にあたって

世界は今、経済危機や国家も含む「テロ」と呼ばれる暴力的な行為の蔓延など、予期しなかった出来事を同時に経験し、今までにない混乱の中で人々は不安を抱えています。経済のグローバリゼーションは地域や国を越えた資源の収奪を加速し、国家間、地域間の格差を拡大しました。また対テロ戦争は憎悪と暴力の連鎖を生み、国際法と国連などの国際安全保障の仕組みを機能不全に陥れています。こういった世界規模の課題に、これまでの経済政策や安全保障は問題の解決を導けず、人々の将来への希望さえ失わせています。

そんな中、国益中心の安全保障のあり方と野放しの市場経済を見直そうとする動きが世界各地の人々によって起こされています。それは人々の生き方や価値観の見直しに根ざした変革の胎動と言えるかもしれません。市民やNGOが平和活動の様々な分野でイニシアティブを発揮し、紛争の解決と平和の国際的なメカニズムを作り出しています。同じように人々の生活においても、時代を切り開く様々な解決案が市民や地域の草の根の人々の先進的な取り組みから生まれてきています。

私たちは、マス・メディアを通しては伝わらない世界各地の問題を伝え、市民という立場と現場という視点で様々な問題を一緒に考えていきたいと思います。これらの記録の中に、二一世紀の混迷を切り開くヒントが見えてくると信じて、ここにJVCブックレットシリーズを刊行することにしました。読者諸氏においては、グローバル社会の中に見えた問題と、変化の胎動を共に感じていただけることを心から願っています。

2009年6月
日本国際ボランティアセンター(JVC)代表　谷山博史

JVCブックレット

001

イラクで私は泣いて笑う

NGOとして、ひとりの人間として

酒井啓子編著　定価920円+税

002

ガザの八百屋は今日もからっぽ

封鎖と戦火の日々

小林和香子著　定価840円+税

003

NGOの源流をたずねて

難民救援から政策提言まで

金 敬黙(キム ギョンムク)編著　定価880円+税

004

タイの田舎で嫁になる

野性的農村生活

森本薫子著　定価950円+税

以下続刊……